城市公园设计

李　科◎著

中国戏剧出版社
CHINA THEATRE PRESS

图书在版编目（CIP）数据

城市公园设计 / 李科著 . -- 北京：中国戏剧出版社，2024.1
ISBN 978-7-104-05459-7

Ⅰ．①城… Ⅱ．①李… Ⅲ．①城市公园－园林设计－研究 Ⅳ．① TU986.2

中国国家版本馆 CIP 数据核字（2024）第 041336 号

城市公园设计

责任编辑： 周忠建
责任印制： 冯志强

出版发行： 中国戏剧出版社
出 版 人： 樊国宾
社 址： 北京市西城区天宁寺前街 2 号国家音乐产业基地 L 座
邮 编： 100055
网 址： www.theatrebook.cn
电 话： 010-63385980（总编室） 010-63381560（发行部）
传 真： 010-63381560

读者服务： 010-63381560
邮购地址： 北京市西城区天宁寺前街 2 号国家音乐产业基地 L 座

印 刷： 天津和萱印刷有限公司
开 本： 787mm×1092mm 1/16
印 张： 12.5
字 数： 203 千字
版 次： 2024 年 1 月 北京第 1 版第 1 次印刷
书 号： ISBN 978-7-104-05459-7
定 价： 72.00 元

前　言

近年来，随着社会的发展和经济水平的提高，我国广大公民的环境需求也在不断提高。无论城市还是农村，在交通道路、绿化环境、房屋建设等诸多方面较之以前都有了令人瞩目、令人赞叹的进步，虽然农村的发展比城市要慢很多，但我们也能从很多农村里感受到农民的欣喜。就城市而言，高楼大厦不断拔地而起，各种经济往来也频繁发生。在烦琐的日常生活中，广大市民急需住所周边出现一个可以放松身心的场所，而公园就是人们放松心情、进行一定锻炼活动的绝佳场地。公园拥有足够的占地面积，也有用于休息的长凳，用于进行跳绳、跑步等体育活动的跑道空地，更有如雕塑、花花草草、假山、人工池塘等用于陶冶情操、净化心灵的设施；当然，公园也是人们进行沟通交流的户外场所。然而，就我国各个城市中的公园的现状来看，整体面貌有限、整体设施不完善是不争的事实，部分城市中的公园数量屈指可数，抑或公园的规模不尽如人意，绿化效果也令人担忧。作为独特而重要的城市元素，一个城市的公园可以反映这个城市中所有市民的审美水平和情操素养，对于各个城市来说，推动城市公园设计的发展已经成为急需处理的重要任务。

本书第一章为城市公园概论，分别介绍了城市公园的历史、城市公园的种类、城市公园的作用、城市公园的规划方法；第二章为公园景观组成要素，分别介绍了物质文化景观、非物质文化景观；第三章为城市公园的植物造景艺术，分别介绍了植物造景概述、植物造景的观赏特性与配置形式、植物造景的施工技术与养护技术、古树名木的养护管理；第四章为城市公园的价值，分别介绍了城市公园的资源价值、城市公园的格局价值、城市公园的"颜值"价值、城市公园的改造价值；第五章分别介绍了城市公园的设计程序、城市公园的设计方法、城市公园的设计倾向；第六章为城市公园设计案例分析，分别介绍了上海植物园二期的规划设计、招远西山文化公园的规划设计、青岛老舍公园的规划设计、武夷山国家娱乐公园的规划设计。

在撰写本书的过程中，笔者得到了许多专家学者的帮助和指导，参考了大量的学术文献，在此表示真诚的感谢！由于笔者水平有限，加之时间仓促，本书难免存在一些疏漏，在此，恳请同行专家和读者朋友批评指正！

李科

2022 年 9 月

目 录

第一章　城市公园概论

理解城市公园概论十分重要。本章主要介绍城市公园概论，主要从四个方面进行了阐述，分别是城市公园的历史、城市公园的种类、城市公园的作用、城市公园的规划方法。

第一节　城市公园的历史

一、城市公园的起源

世界上的园林有超过 6 000 年的历史，而公园却只有一二百年。19 世纪 60 年代，英国经历了一场工业革命，伴随着资本主义的迅猛发展，大规模的工业建设造成了生态环境的严重破坏，同时也带来了生态危机。随着城市人口的迅速增加、城镇用地的持续扩大，城镇居民与自然环境的关系日益疏远，城镇工薪阶层的生存环境日益恶化。在这种社会条件下，资产阶级通过指定几个私人或私人绿地供公众使用，或者创建新的公共绿地，称为公共花园或公园，对城市环境进行了一定的改善。1843 年，利物浦利用税收建造了伯肯海德公园，公众可以免费使用，这标志着第一个城市公园的正式诞生。

海德公园是伦敦最大也是最有名的皇家园林，它的面积为 159.86 英亩（1 英亩约为 4 047 m^2），坐落在伦敦的西边。海德公园原为威斯敏斯特教会的一块采石地，在 18 世纪之前曾作为英国皇室的猎鹿之地。在 19 世纪早期，它依然是一片人迹罕至的荒凉之地，是行刑者、贵族决斗的场所，也是土匪、恶棍的聚集地。伦敦在 19 世纪后期得到了快速的发展，其西部郊区海德公园逐步发展成了城市的中心。由于绿色植物和清新的空气，这座公园被誉为"伦敦的肺"。

从东南方向有三条通往海德公园的路线：左边是相对宽阔的罗顿大道，许多社会名人喜欢在这里玩耍和骑行；东北方向的小路上有很多优质酒店和住宅；向北是著名演说家的天地。公园的南端是一个骑兵营地，骑兵每天早上在那里训练马匹。

在海德公园的东北角有一块雕刻精美、形状美观的大理石，当时是白金汉宫的石拱门。拱门附近是著名的演讲角，也被称为"海德公园的自由论坛"。很长一段时间以来，演讲角一直是一个非常热闹的地方。起初，在周日下午，人们用一个装肥皂的木箱作为讲台站着发表演讲，这就是为什么它也被称为"肥皂盒上的民主"。在周末，人们还会带着梯子站在梯子上发表演讲。每个演讲者都被一群人包围着。演讲内容可以是任何内容，但不能进行人身攻击，有些人宣扬宗教信仰，有些人提倡社会主义，有些人谈论性自由，有些人宣扬种族主义，有些人促进民族解放。演讲者还必须能够忍受所有对手的嘲讽、采访和恶意批评，并且必须有用语言和文字反驳的能力，否则他们在受到攻击时无法回应，也不知道如何下台。一些演讲者被听众包围着，并且充满活力；有些发言者则是单独发言的。

演说家之角被正式命名为"自由论坛"，是在 1872 年，英国人获得了集会的自由。"自由论坛"现在在伦敦的海德公园里已经成了一道亮丽的风景线。

二、城市公园的历史发展概述

城市公园自产生以来，经历了一系列的发展历程，包括园林新样式的形成、园林体制的建立、园林运动的兴起。其中，"都市公园"运动对后世都市公园的发展和都市公园体制的建立有着深刻的影响。

1938 年，布劳姆（Blom）成为瑞典斯德哥尔摩公园管理局局长，在 34 年的任期内，他改进了前任的公园计划，用它来增加城市公园对斯德哥尔摩居民生活的影响。例如，公园可以作为一个由大量冷城市结构组成的系统，形成一个城市结构网络，为市民提供所需的空气和阳光，并为每个社区提供独特的识别功能；公园为所有年龄段的市民提供了一个散步、休息、活动和玩耍的娱乐区；公园是聚会的地方，人们可以在这里组织会议、游行、舞蹈甚至宗教活动；公园是所有年龄段的人都可以享受空闲时间的地方；公园是在自然的基础上重新创造的自然和文化的综合体。这些都是他关于公园在城市中的地位和作用的讨论。

布劳姆的"公园方案"体现了当时的精神，即城市的公园应该是一个彻底的民主化组织，它应该是人人享有的。在此期间，斯德哥尔摩园林管理局是一批青年建筑师的摇篮，也是斯德哥尔摩学院的诞生之地。

城市公园运动为创建和规划城市公园体系打下了坚实的基石，并已成为市民对城市公园功能的共识。

三、中国的城市公园发展

中国城市公园的产生、兴起和发展，可以从上海这个中国近代繁华城市的发展历程中看出来。1840年之前，与中国其他城市一样，上海园林以寺庙园林和私家园林的形式出现，即古典园林，包括豫园、盖伊园、醉白池、秋霞园、曲水园等。

1840年鸦片战争之后，欧洲的"公园"传入中国。1868年在上海建成的公共花园（现为黄浦公园）是最早的公园（图1-1-1），但当时的"公园"不是"公共的"。随后，在上海建立了虹口公园、法国公园（现复兴公园）和吉斯菲尔公园（现中山公园），这些公园反映了功能、布局和风格的外部特征，对中国公园未来的发展模式产生了一定影响。

图1-1-1 具有明显西方建筑与园林痕迹的租界"公共花园"

（资料来源：《上海百年掠影》）

随着公园的兴起，上海市民开始有了新的社会生活方式和对公共场所的自然需求。为了满足人们游览公园的新需求，上海的一些私人花园，如张园、豫园、徐园、申园、西园等，已率先向公众开放。有一段时间，上海的游园成了一种现代活动，张园在其中尤为著名，所谓"海天胜景让张园，宝马香车日集门。客到品花还斗酒，戏楼箫鼓又声喧"，真实反映了当年张园的一派盛况。

1885年，张园对外开放，除风景名胜外，还建有戏院、电屋、照相室、网球场、餐厅、舞池等，并提供茶点。实际上，这只是一座游乐场而已。沪上几家由晚清名士及革命党人所打造出来的园林，是一个可以随意会面和展示时尚的地方。那时，各种流行的服饰都能在这里找到。张园的"安地第"，差不多就是清末一个专门用来发表反对清朝演说的地方，在某种程度上与伦敦的"海德公园"相似（图1-1-2）。

图1-1-2　1885年前后的上海张园安地第

（资料来源:《前世今生》）

张园、愚园等园林迎来了数不尽的时髦男女，又吸引了更多向往时髦的男男女女（图1-1-3）。一时间，这些园林便成了男人见面洽谈的社交场所，同时也成了女人展示时髦的场所，在这里充满着"看"与"被看"的欢乐。

在剧院日渐式微的情况下，新时代的人需要一个新的娱乐场所，一个将娱乐与交流融为一体的新世界。后来，"西洋影戏"兴起，上海也就产生了一种新的娱乐方式——电影院。1896年8月11日，上海徐园"又一村"首演"西洋影戏"，这也是中国电影放映的首个场所。自徐园起，上海早期放电影的场所是在茶楼、西菜馆和公园之内。因此，公园当时的园容可以说是时时刻刻在推陈出新。

图1-1-3　清末游公园成为市民的一大时髦

（资料来源：《上海百年掠影》）

百货商店自诞生之日起，就被定位为一个供人特别是供妇女消费，并作为一种特别消遣的休闲场所。1917年，仙石百货商店开业，里面吃、喝、玩、乐样样齐全，尤其是它的楼顶建造了一个巨大的游乐场，有苏滩、本滩、大鼓、魔术等表演。这是上海乃至中国最早的一座天台，并在天台上放置了盆栽花木，为人们在夏天夜晚乘凉提供了一个好去处。

"华人公园"是在吴淞江南岸涨滩（今上海市四川陆桥以东），面积大约4 000 m²，于1890年12月18日开放，里面的设备很简单，是一个专门为中国人而设的公园（图1-1-4、图1-1-5）。而中国第一个自己建造的园林，却是1906年当地士绅在无锡集资建立的"锡金公花园"。

图 1-1-4　清末的租界公园

（资料来源：《上海百年掠影》）

图 1-1-5　"华人公园"一角

（资料来源：《上海百年掠影》）

辛亥革命以后，孙中山先生在广州把越秀山组织成一个公园。当时，民主党强烈提倡西方的花园城市理念，并支持公园的筹备工作。因此，当时的一些城市出现了一批公园，如广州的越秀公园、汉口城市公园（现中山公园）、北平中央公园（现中山公园）、南京的玄武湖公园、杭州的中山公园、汕头的中山公园等。这些公园大多是在现有风景如画的场地的基础上进行重组和翻新的，其中一些最初是古典花园，而另一些则是以欧洲公园的风格扩建和新建的。直到1949年中华人民共和国成立，尽管当时中国的公园数量不多、空间简陋，但动植物展览馆、儿童公园、钻石屋、棋牌室、照相馆、小商店、音乐平台和运动场等设施已经到位，逐渐有了一些适合中国人游玩的中西混合的公园。

从上述内容可以看出，"公园"最初是资本主义社会环境中诞生的一种产品。我国园林的诞生，虽然是以西方人的生活与文化为先决条件，但实际上，却是以"天下为公""平等""博爱"为代表的辛亥革命时期的民主主义思潮，在城市建筑中体现出来的。

新中国成立以前，城市公园的发展十分迟缓，其规划与设计基本上处于模仿的状态。中华人民共和国成立后，特别是改革开放后，随着我国的文化节庆越来越受到人们的关注、越来越多的城市景观和绿色空间的构建，公园也有了很大的发展。我国各大城市都在不断地扩建、改造和新建公园，这使得公园成了城市居民休闲、社交、锻炼、参与文化娱乐、获取自然信息和进行文化教育的主要场所。公园类型变得越来越多，包括可以满足人们不同需求的完整公园，也有相对单一的自然专业公园，如儿童公园、纪念公园、风景名胜和历史名胜公园、动物园、植物园、文化公园、森林公园、青年公园、科学公园、体育公园等，以及各种公园绿地，如社区公园、海岸绿化带、街道公园等。现在，由于经济的快速发展和旅游理念的改变，出现了许多主题公园。与此同时，公园的内容和设施也在不断丰富和完善。

第二节　城市公园的种类

一、国外城市公园的分类体系

（一）美国的分类

美国的公园分为 12 类：

（1）儿童游戏场。

（2）近邻运动公园／近邻休憩公园。

（3）特殊运动场：田径场、高尔夫球场、海滨游泳场、露营地等。

（4）教育休憩公园：动物园、植物园、标本园、博物馆等。

（5）广场。

（6）近邻公园。

（7）市区小公园。

（8）风景眺望公园。

（9）滨水公园。

（10）综合公园。

（11）保留地。

（12）道路公园及花园路。

（二）德国的分类

（1）郊外森林公园。

（2）国民公园。

（3）运动场及游戏场。

（4）各种广场。

（5）有行道树的装饰道路（花园路）。

（6）郊外的绿地。

（7）运动设施。

（8）分区园。

（三）日本的分类

日本的公园分级制度主要通过《城市公园法》《自然公园法》《城市公园新建改建紧急措施法》《第二次城市公园新建改建五年计划》《关于城市公园新建改建紧急措施法及城市公园法部分改正的法律的实行》等法律法规对其进行了规范，日本公园的分类系统如表1-2-1所示[①]。

---

① 李永雄、陈明义、陈俊：《试论中国公园的分类与发展趋势》，《中国园林》1996年第3期，第30—32页。

表 1-2-1　日本公园分类系统

公园类型			设置要求
自然公园	国立公园		由环境厅长官规定的、足以代表日本杰出景观的自然风景区（包括海中的风景区）
	国家公园		由环境厅长官规定的、次于国立公园的优美的自然风景区
	都、道、府、县设立的自然公园		由都、道、府、县长官指定的自然风景区
城市公园	居住区基干公园	儿童公园	面积 0.25 hm²，服务半径 250 m
		近邻公园	面积 2 hm²，服务半径 500 m
		地区公园	面积 4 hm²，服务半径 1 000 m
	城市基干公园	综合公园	面积 10 hm² 以上，要均衡分布
		运动公园	面积 15 hm² 以上，要均衡分布
	广域公园		具有休息、观赏、散步、游戏、运动等综合功能，面积 50 hm² 以上，服务半径跨越一个市、镇、村区域，要均衡设置
	特殊公园	风景公园	以欣赏风景为主要目的的城市公园
		植物园	配置温室、标本园、休养和风景设施
		动物园	动物馆及饲养场等占地面积在 20 % 以下
		历史名园	有效利用、保护文化遗产，形成与历史时代相称的环境

　　日本的国家公园划分体系是比较科学和清晰的。它的分类体系，一方面是为了维护城市的生态环境，满足人民的生活需求；另一方面，在它的分类体系中，对各种类型的公园的功能以及相关的规划指标都进行了明确的界定，便于实施和操作。

二、中国城市公园的分类

（一）根据服务半径分类

　　按照服务半径来划分，城市公园可分为邻里公园（服务半径 800 m）、社区性公园（服务半径 1.6 km）、全市性公园（服务半径依城市规模大小而定）等。

（二）根据面积分类

　　按照公园的面积大小，城市公园可分为邻里小型公园（2 hm² 以下）、地区性

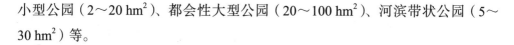

小型公园（2～20 hm²）、都会性大型公园（20～100 hm²）、河滨带状公园（5～30 hm²）等。

（三）根据《城市绿地分类标准》

城市公园的分类体系是否科学，与城市整体绿色空间体系的结构是否合理，与城市绿色空间规划的编制与审批，与城市公园的保护、建设与管理水平，与城市生态环境建设与可持续发展，乃至与城市的综合竞争力密切相关。

2017 年 11 月 28 日，中华人民共和国住房和城乡建设部批准《城市绿地分类标准》为行业标准，编号为 CJJ/T85-2017，由中国建筑工业出版社出版发行。该标准对我国城市公园进行了分类，如表 1-2-2 所示。

表 1-2-2　我国城市公园分类

类别代码			类别名称	内容	备注
大类	中类	小类			
G1			公园绿地	向公众开放，以游憩为主要功能，兼具生态、景观、景观、文教和应急避险等功能，有一定游憩和服务设施的绿地	—
	G11		综合公园	内容丰富，适合开展各类户外活动，具有完善的游憩和配套管理服务设施的绿地	规模宜大于 10 hm²
	G12		社区公园	用地独立，具有基本的游憩和服务设施，主要为一定社区范围内居民就近开展日常休闲活动服务的绿地	规模宜大于 1 hm²
	G13		专类公园	具有特定内容或形式，有相应的游憩和服务设施的绿地	—
		G131	动物园	在人工饲养条件下，移地保护野生动物，进行动物饲养、繁殖等科学研究，并供科普、观赏、游憩等活动，具有良好设施和解说标识系统的绿地	—
		G132	植物园	进行植物科学研究、引种驯化、植物保护，并供观赏、游憩及科普等活动，具有良好设施和解说标识系统的绿地	—
		G133	历史名园	体现一定历史时期代表性的造园艺术，需要特别保护的园林	—

类别代码			类别名称	内容	备注
大类	中类	小类			
G1	G13	G134	遗址公园	以重要遗址及其背景环境为主形成的，在遗址保护和展示等方面具有示范意义，并具有文化、游憩等功能的绿地	—
		G135	游乐公园	单独设置，具有大型游乐设施，生态环境较好的绿地	绿化占地比例应大于或等于65%
		G139	其他专类公园	除以上各种专类公园外，具有特定主题内容的绿地。主要包括儿童公园、体育健身公园、滨水公园、纪念性公园、雕塑公园以及位于城市建设用地内的风景名胜公园、城市湿地公园和森林公园等	绿化占地比例宜大于或等于65%
	G14		游园	除以上各种公园绿地外，用地独立，规模较小或形状多样，方便居民就近进入，具有一定游憩功能的绿地	带状游园的宽度宜大于12m；绿化占地比例应大于或等于65%

根据这些数据可以看出，在中国城市公园的种类很多，但是目前还没有形成一个完善的城市公园分类体系，并且少年公园、青年公园、老年公园、交通公园、科学公园、国防公园等专门类的公园数量非常稀少。

从公园的分类上说，除了保护性的公园和天然的公园，城市公园主要有以下几种。

1.居住区小游园

这一类型的公园既可作为居民的主要活动场所，又可作为城市公园的最小单元，既可作为住宅小区的中央绿色空间，也可作为群组的游园空间。

2.社区公园

社区公园是在一定面积的社区中，设置了比较完备的游憩设施，供人们进行文化活动、娱乐和休息的地方。这类公园是居住区骨干公园的重要组成部分，是居民小区中的小游园和邻里公园的有机补充。如上海的曲阳公园、广中公园便属于该种类型。

3. 区级综合性公园

区域级整体公园是指为较大城市行政区域内的居民服务，满足居民或游客休闲、娱乐、文化、科学教育等方面需求的内容和设施丰富的城市绿地。如上海的中山公园、鲁迅公园、静安公园、闸北公园等。

4. 市级综合性公园

城市综合公园是为城市居民而建，在城市公共绿地中，具有最大的聚集面积、最完备的活动内容、最完备的设施。如上海浦东世纪公园、广州天河公园等。

5. 专类公园

（1）风景名胜公园。这种类型的公园是指以风景如画的地方为基础的休闲绿地形式，主要目的是满足人们娱乐活动的需求，主要任务是开发、利用和保护风景资源，如杭州西湖风景区、武夷山风景名胜区、庐山风景名胜区、承德避暑山庄、黄山风景区等都属于此类形式。它是我国特有的公园形式，相当于美国国家公园的概念，如美国的黄石国家公园、锡安国家公园、大盆地国家公园及大峡谷国家公园等。

（2）植物园。植物园是一个综合性研究机构，也是展览的公共绿地，专注于植物科学的研究，其核心是引种、驯化和栽培试验。它不断挖掘和扩大自然植物资源，使其成为一个综合研究机构和展览的公共绿色空间，应用于农业、园艺、林业、医药、环境保护、景观设计等领域。综合性植物园主要由以科普为主并结合科研与生产的展览区和以科研为主并结合生产的苗圃试验区两大部分组成，另外还有职工生活区。

从规划布局上，综合性植物园的展览区主要由以下几个分区组成：植物进化系统展览区、经济植物展览区、抗性植物展览区、水生植物区、岩石区、树木区、专类区及温室区等几部分。

而不同植物园由于选址、主题等的不同，其展览区域的组成也有所不同，如杭州植物园位于西湖风景区，其科普展览区由观赏植物区和山水园林区共同组成；华南植物园的展览区则是根据植物的功能特性由优质速生用材树种试验区、热带果树试验区、经济植物育种区、竹类植物栽培试验区、经济植物繁殖区、引种药用植物试验区、香料植物引种试验区、环保绿化植物试验区及华南特有树种区共同组成。

（3）动物园。动物园是集中饲养、展览和研究种类较多的野生动物及附有少数优良品种家禽家畜的公共绿地。

在动物园的规划布局上，我国大多突出动物的进化顺序，即由低等动物到高等动物，由无脊椎动物—鱼类—两栖类—爬行类—鸟类—哺乳类，在这种顺序下再结合动物的生态习性、地理分布、游人爱好、地方珍贵动物、建筑艺术等来进行综合布局。如上海动物园，便分为鱼类—鸟类—爬虫类—哺乳类（此类又分为食肉类—食草类—灵长类三个笼舍组）。而上海野生动物园则由猛兽类、食草类、圈养类及宠物类等几部分组成。

同时，有的动物园以下列几种展览顺序来进行规划布局：按动物地理分布安排，即按动物生活的地区，如亚洲、欧洲、非洲、美洲、澳洲等来进行规划布局，如加拿大多伦多动物园；按动物生态安排，即按动物生活环境，如分水生、高山、疏林、草原、沙漠、冰山等来进行规划布局，如莫斯科动物园；按游人爱好、动物珍贵程度、地区特产动物来安排，如按国家的珍贵动物、保护动物等来进行规划布局。

（4）历史名园。这类公园是指在城市历史发展过程中有一定的地位，有一定的历史价值，现已作为公园使用的名园，既有公共的，也有私人的。如苏州的众多古典园林——拙政园、网狮园、留园、退思园，北京的颐和园、北海公园、圆明园，承德避暑山庄等。

（5）主题公园。主题公园起源于公元前数世纪的希腊和罗马，那时的市场因货物的交流而出现，因此人们就会聚集在一起，并由此产生各种演出、游艺等活动，使市集、广场成为人们休闲娱乐的场所。中国的市集与庙会也是如此，它汇集了诸如唱戏、杂技、卖艺以及各种各样的贸易等娱乐项目。

19世纪，由于技术的进步，新材料为游乐设施提供了安全保证，欧美地区便产生了许许多多的游乐场。20世纪30年代到20世纪50年代，由于经济危机的影响和电影业的兴起，使得美国许多游乐场纷纷倒闭而关门大吉。

19世纪50年代，当华特·迪士尼（Walt Disney）带着他的女儿到操场玩时，他发现了一个并不流行的元素，那就是家庭游戏。因此，他将家庭娱乐带到了游乐场，并将影片的魅力、色彩、惊险、娱乐等元素与游乐场相结合，在1955年创建了迪士尼，并在游乐场内修建了许多具有不同色彩的风景和娱乐设施，这就是主题公园的由来。

中国的主题公园的发展历程是从传统的庙会和市场式游乐园向机械游乐园再到主题公园过渡的过程。20世纪初，上海作为远东第一大城市，开发了许多娱乐设施，其中"大世界"是一个大型游乐园，由传统的庙会和市场表演在建筑群中形成。20世纪80年代，外国的"驾驶式"娱乐设施被引入中国，导致了这种形式的游乐园的创建。深圳湾游乐园、香蜜湖中国游乐园、上海锦江公园等都是这种形式的游乐园的代表。有一段时间，这种类型的游乐园风靡全国，一度成为电影和电视中城市娱乐生活的主要场景。

在主题选择上，目前中国主要有：一是以异国地理环境和文化为主题，如北京世界公园、无锡世界奇观、深圳世界之窗、广州世界大观园、天津杨村小世界、成都世界乐园等；二是以民族文化和民俗风情为主题，如北京中华民族园、深圳中华民俗文化村、深圳世界之窗、昆明云南民族村等；三是以水上运动为主题，如苏州水上乐园、上海热带风暴、佘山水上乐园等；四是以科技为主题，如各式各样的时空变幻乐园——上海梦幻乐园、厦门时空梦幻乐园、杭州未来世界等；五是以文学、历史题材为主题，如上海大观园，北京大观园，无锡的唐城、三国城、水浒城，杭州的宋城等，其他的还有以各种神话与具有迷信色彩的故事为主题的游乐园，如一系列的鬼城、西游记宫等。

（6）博览会公园。这类公园实质上是一种科技、农业、文化、艺术、园艺等方面的成果的综合展示，它的地理位置及建筑设计与城市规划之间的关系密切，是一种生态园林。每次博览会的举行都会在举办城市产生大面积的博览会公园，如1937年的巴黎世界博览会公园、1995年的昆明世界园艺博览会公园、2000年德国汉诺威的世界博览会公园等。

首届世界博览会在伦敦的海德公园内开展，博览会的主体建筑是水晶宫，周围配置有喷泉和绿化种植的中心休息区，水晶宫的诞生标志着现代建筑、园林艺术的开始。世界博览会之后曾在巴黎、纽约、芝加哥、蒙特利尔、大阪、冲绳、维也纳等城市举办过22次。而建在160 hm² 土地上的第23次EXPO 2000年德国汉诺威世界博览会是21世纪举办的第一个世界博览会，该次博览会以"人类·自然·技术"为主题，将人类放在中心地位，探讨了今后人类应该怎样利用技术为自己服务，从而与自然共存的问题的答案。该次博览会由展馆、主题公园、设计作品及文化性的节目单四大部分共同组成。

（7）雕塑公园。它是一种以雕塑为主体、以雕塑为表现对象的园林绿地。这类公园兼具其他公园的游憩与鉴赏作用，为市民与游客提供了一处有艺术性的室外活动场所，是一处天然的露天美术馆。国外，尤其是欧美等国家都建设有不同类型的雕塑公园，在我国虽然起步较晚，但在北京、青岛、天津、广州和长春等城市逐渐兴起。目前世界上的雕塑公园主要有以下几种形式。

在雕塑材料的产地建设雕塑公园，如奥地利的维也纳国际雕塑公园、哈尔滨的冰雕公园等都属于此类。

城市雕塑公园，位于城市中心或重要的交通节点，与城市景观和建筑相融合，反映了城市的历史、文化和特色，如长春世界雕塑公园、芜湖雕塑公园等。

自然雕塑公园，利用自然环境的优势，将雕塑作品与山水、森林、草原等自然元素相结合，创造了一种和谐的人与自然的关系，如挪威的埃德兰雕塑公园、美国的斯托姆金雕塑公园等。

主题雕塑公园，围绕一个特定的主题或理念，展示了一系列相关的雕塑作品，表达了一种思想或情感，如法国的罗丹博物馆雕塑公园、日本的平和纪念公园等。

个人雕塑公园，由一个或几个雕塑家创作，展示了他们的个人风格和艺术理念，是一种自我表达的方式，如西班牙的加乌迪公园、墨西哥的拉斯波西塔斯雕塑公园等。

临时性的流动雕塑公园，该类公园往往和雕塑家的作品巡回展或节庆活动相结合，如亨利·摩尔雕塑在广州和北京等城市公园内的巡回展览、哈尔滨的冰雕节、青岛和上海以及一些沿海城市的沙雕公园等都属于此类。

以不同题材建立起的专题雕塑公园，如广州雕塑公园便属于此类。该公园目前开放的第一期工程——羊城史雕塑区是以广东省雕塑家创作的反映羊城风貌的雕塑作为主要造景题材，再通过园林艺术的造景手法，将雕塑、园林和建筑等多种景观要素有机结合起来，形成了一个富有艺术感染力的主题性雕塑公园。羊城史雕塑区又由以"华夏柱"为主题的喷泉雕塑广场、以"古城辉煌"为主题的山顶平台、以"南州风采"为主题的摩崖石刻壁雕、以"羊城水乡"为主题的云液湖景区及以休憩为主题的休闲区五大部分所组成。

由多件雕塑作品组合而成的一般性雕塑公园，如法国巴黎的现代雕塑公园等。

（8）城市广场。城市广场是指城市中的公共开放空间，其功能一般有三种，一是体现城市形象，二是为居民提供开放空间，三是作为城市居民的活动载体。目前，我国有关城市广场的定义在理论界存在很多争论，学者也各自有对其的不同理解，这和我国各城市正在大力兴建各式各样的城市广场有关。一般广场可以分为市政广场，如上海人民广场、天安门广场；交通广场，如各种站前广场；宗教广场，如威尼斯圣马可广场、庙前广场等；商业广场，如南京路步行街中心广场；休息娱乐广场，如北戴河休闲广场等。

（9）森林公园。森林公园是指在城市中以森林为主题与主体的公共绿地，一般其森林覆盖率达到70%以上。如上海共青国家森林公园，它是上海第二大公园，共计80多公顷。

（10）国家公园。国家公园是一种重要的自然保护形式，它首次出现在美国，并在世界各地逐渐发展壮大。1969年，世界自然保护联盟（IUCN）对国家公园的定义得到了全球学术组织的广泛认可，即国家公园是一个相对较大的区域：它有一个或多个生态系统，这些生态系统通常不受人类占领和发展的影响或很少受到人类占领和开发的影响；在这方面，国家最高行政当局应尽快采取行动，防止或禁止人类对生态系统的全面占领和开发，并应有效尊重生态、地貌或美学实体，以证明国家公园的建立；这里的景点必须针对娱乐、教育，并且必须获得批准。国家公园是一种土地所有权或地理区域体系，其主要目的是保护国家或国际生物地理或生态资源对其自然发展的重要性，并将人类社会的影响降至最低。

在以上定义下，世界自然保护联盟呼吁各国政府停止以"国家公园"之名来划分各类自然保护区；此外，依以上定义，凡属民间或当地团体所设、所经营之天然保护区，如未获中央政府充分认可及管制，亦不应视为国家公园。

但是在具体实施过程中，不同国家对其界定及界定标准的规定却存在很大的差异。举例来说，一个国家人口多，它的自然环境就会更多地受人为因素的影响；而一个国家人口少，它的自然环境就会更多地维持着自然演化的状态。而且，每个国家对国家公园的定义不同，有的地方的公园达到了这些条件，但并不能称为国家公园；有的地方的公园达不到这些条件，也可以叫国家公园。

国家公园可以提供一个健康的、美丽的、安全的环境和充满人们所寻找的知识来源的环境。这种环境为人类提供了一个健康、美丽、安全的生态系统和景观，从健康、精神、科学、教育、娱乐、环境保护和经济的角度改变了国家公园的许多价值观，并分别具有以下功能。

第一，保护环境的功能。国家公园区域大多拥有成熟的生态系统，且含有顶极生物群落，对提高人们居住环境的质量和维护国家安全具有重要的意义。

第二，保护物种多样性。在自然界中，任何一种生物都是经过漫长岁月演变而来的，它们通常要经过上万年才能形成。建立国家公园可以保护天然物种，把它们当作一个基因池。

第三，提供公众休闲的场所，促进当地经济繁荣。美丽而神奇的自然景观可以培养感情，激发灵感。特别是在城市化和工业化之后，市民对户外娱乐的需求日益增加，回归自然的活动在世界各地流行起来。因此，在国家土地管理中，除了当地的公园和绿地配置外，拥有美丽、自然、原始景观的国家公园往往被视为现代城市生活高质量的度假目的地。关于国家公园的有形价值，特别是在成本和经济效益方面，尽管目前没有完整的信息，但美国、日本、加拿大、瑞士、英国和法国等国家每年都有大量的国家公园旅游收入。非洲及拉丁美洲的国家公园也为其国家带来了明显的经济效益。例如，哥斯达黎加主要以国家公园为重点的生态旅游项目的实施取得了重大成果。1991 年，旅游收入是该国第二大外汇收入来源，达 3.36 亿美元。此外，发展国家公园旅游业可以促进当地经济发展，促进区域外城市繁荣，增加区域内外居民的就业机会。

第四，推动国家环保教育的发展。国家公园的地形、地质、气候、土壤、水源、动植物等，都没有受到过人类的影响，因此其是研究自然科学的最好的自然博物馆。另外，在国家公园的内部，还可设置参观者中心和研究站，以进行内部讲解；并邀请讲解员到现场讲解生态分区，便于人们进行野外考察和教学。

第三节 城市公园的作用

城市公园是一种有着自然的休闲生活环境，一种专门为都市居民而设计的、有特殊用途的地方。城市公园是一个城市的绿化基础。它是城市中最主要的、开放式的公共空间，既是城市中居民进行休闲活动的重要场所，又是进行公民文化传播的地方。1993 年，国际公园与游憩管理联合会（IFPRA）亚洲太平洋地区大会和日本公园绿地协会第 35 次全国大会在日本茨城县水产市联合召开，大会讨论的主题便是"公园能动论"（Park Dynamism），其主要论点便是：公园不仅要为游客提供游憩设施，满足居民的消费需求，还要主动引导公众意识到当前人类环境存在的问题，意识到公园绿地对于保护生态环境，提高城市化地区对社会的经济、人口增长的支持能力。从舆论、政策、规划、法律等多个层面，提高市民对公园绿地系统的认识，促进其建设与发展，促进城市与自然的和谐发展。也就是说，在城市中，城市园林应该拥有一个多元化的价值体系。对上海、北京、广州这样的大城市来说，城市公园有着十分重要的社会、文化、经济和环境保护功能，同时也是城市可持续发展的必然选择。

一、城市公园的社会文化功能

（一）休闲游憩

城市公园是城市居民进行日常休闲活动的主要场所。公园内的各种活动场地及设施，不仅为居民提供了大量的室外活动场所，而且承担着满足居民的休闲游憩需求的重任。

（二）精神文明建设和科研教育的基地

城市公园是城市居民进行室外活动的场所。伴随着全民健身运动的发展，以及社会文化的不断发展，城市公园在建设物质文明的同时，也越来越多地变成了传播精神文明、科学知识和进行科研与宣传教育的一个重要场所。在城市公园中，开展了歌唱、健身、交友等各种各样的社会文化活动，这些活动不仅对市民的情操有积极的影响，还提升了市民的整体素质，从而构成了一种特有的大众文化。同时，这一功能也让城市公园在社会主义精神文明建设中的影响变得更加明显，越来越不可忽视。

二、城市公园的经济功能

（一）预留城市用地，为建设未来城市公共设施之用

城市公园的建立，可以在短时间内为市民提供一个休闲活动的地方，而在长

时期内，它作为城市公共用地，也可以成为城市预留地，为将来城市公共设施的建设提供一些可能，因此它就成了城市土地紧缺时的一个重要的预留地。

（二）提升周边土地价值，带动社会经济的发展

随着城市生态系统的不断退化，作为城市绿地系统的城市公园的功能日益凸显。城市公园最重要的功能就是它可以带动周围土地、物业等的增值，以吸引更多的投资者，进而带动当地的经济、社会发展。这一点从报纸、电视和网络上经常出现的房地产广告就能看得出来，这些广告都是围绕着一个公园来提升房地产的价值。此外，城市公园还带动了周围的工业、商业、旅游业、房地产等生产性和服务性产业的快速发展。例如，上海的鲁迅公园对四川路商业、旅游业的发展起到了巨大的推动作用；豫园在城隍庙的开发中起到了促进作用；以人民广场、人民公园为中心，带动了南京路商业街区的开发；以中山公园为核心，促进了中山公园商圈的发展；以静安公园为依托，促进了静安寺区域内的旅馆业的发展；浦东世纪公园对花木地区行政、商业和房地产的影响巨大；和平公园、鲁迅公园等，对周围的房地产开发有着举足轻重的影响。

（三）促进城市旅游业的发展

随着科技的进步、经济的发展、人们的物质和文化生活的改善，旅游已经越来越多地被人们所关注。目前，我国许多大城市在大力发展都市旅游，而城市公园又是其重要的组成部分。

从旅游意义上讲，城市公园具有以下特点。

（1）从其发展历程来看，有些城市公园有着悠久的历史，种类繁多，时间和空间跨度都很大，其中既包括了传统的古典园林，也包括近代园林，以及富有中国特色的现代园林。

（2）从"园容"和"园景"两个方面来看，都市公园为游客提供了一种静态的、人为的、模仿自然景观的人文景观环境。

（3）从活动的视角看，城市公园为游客提供了一个可参与的动态活动空间，如上海、北京、青岛、大连等地的旅游节，在公园里举办的灯展、茶艺表演、烟火晚会、花卉展、风情展、音乐会等，都可以体现公园对旅游发展的积极影响。

三、城市公园的环境功能

（一）维持城市生态平衡

城市的生态平衡主要取决于有多少绿化面积，而二氧化碳的吸收和氧气的产生是植物光合作用的结果。由于城市公园绿化广泛，在防止土壤侵蚀、净化空气、减少辐射、杀菌、防尘、防噪声、调节小气候、降温、避风和缓解城市热岛效应等方面具有良好的生态功能。城市公园是城市的"绿色肺"，对改善城市环境质量和维护城市生态环境具有重要意义。

（二）美化城市景观

城市公园作为城市最具自然特征的地方，通常有水，有大片的绿地，是一种绿色的软景观，与其他灰色的硬景观如道路、建筑等形成了强烈的反差，使得城市景观变得更加柔软。同时，公园又是城市风景的主体。它对城市环境的美化起着重要作用。

（三）提供防灾、避难场所

由于城市公园拥有大量的公共开放空间，它不仅是城市居民的聚会场所，也是防灾和为人们提供庇护的重要保障。城市公园可作为地震时的避难所、火灾时的防火隔离区，大型公园也可作为救援直升机降落点、救灾设备配送中心、救灾人员住所和临时医院、灾民临时避难所和倒塌房屋临时存放站。根据北京园林管理局的资料，在唐山大地震中，北京大约有两百万居民为了避震而迁入了各种类型的园林绿地。除此之外，在1993年美国洛杉矶地震、1995年日本坂神市地震等事件中，城市公园都是在灾难发生时提供避难场所，并在灾难发生后进行人员迁移的关键场所，充分体现了上述几个方面的作用。在上海和北京等人口超过千万的大都市中，其防灾减灾的作用不可小觑。

四、城市公园的其他功能

除了上述的社会文化、经济、环境等方面的功能，城市公园还能够对与自身特点相矛盾的用地进行有效限制，对城市的人口密度进行有效控制，对城市空间和人的行为进行有机组织，对交通环境进行有效的改善，对保护文化遗产、减少城市犯罪、提高公民意识、推动城市的可持续发展，都有着不容忽视的影响。

第四节 城市公园的规划方法

一、城市公园的政策规划

（一）政策规划概述

在城市公园规划中，政策计划是最主要的一种，为行政机关提供了一种策略性的管理手段，也为立法机关提供了一种特定的指导方针。只有有好的政策计划，城市公园的物质规划与运营管理规划才能顺利完成，并使两者更具针对性、真实性、现实性和可行性。

通过政策规划，可以为城市或社区内的公园制定不同的标准，特别是公园系统的量化指标，如土地规模、比例、服务范围、服务人口等。这可以转化为对土地和水等场景的需求。经由预算、市政法令，以及各种公共机构与半公共机构的影响的共同作用，使这些政策与标准转化为一种对城市公园与游憩资源的土地征求、资金筹集、开发、运营、管理体系，进而指导城市公园的具体规划设计。

政策规划经常和一定城区内的游憩设施、游憩项目的运营管理方式以及此地区的开发指导原则相结合而共同应用，而且政策规划要不定期地进行回顾和修改，并随着社会、经济的改变而相应地进行调整，并为相关机构所认同、接受才能得以应用。

综合性的政策规划内容不仅应反映城市和特定社区已建立的社会经济发展目标，同时也应该界定各种休憩资源提供者的职责，其中包括私人商业机构和组织、半公共以及公共机构的职责。另外，对城市居民的休闲需求和意愿以及适当的资源、设施也应在政策规划中做出相关的分析和评判。

政策规划的准备与制定，应通过各种专业人员的协调合作来完成，同时也要有公众的参与，反映市民的需求。政策规划需要由生态学者、经济学者、社会学者、心理学者、市场分析者、律师、工程师、景观建筑师、旅游学者、城市规划学者等共同分工合作完成。

近年来，城市规划（包括各个专项规划）由以往单纯的物质规划转向了政策规划。规划师已不再采用过去那种单纯地针对项目而进行规划的规划模式，而是形成了更为互相影响的规划模式，其规划关注的对象更多的是决策框架中公众目标的发展和实现及政策的指导、社区的目标、各团体之间的利益、市民的需求和优先选择、资源设施的需求量等方面的内容。

一个良好的政策框架应能针对社会、经济、环境、物质等方面的快速变化而做出反应，并且引导政府部门去适应这些变化，从而制定相应的措施。同时，政策规划还有其他的优点：一方面，政策规划的制定需要获得丰富的信息资料，这就迫使规划者去建立适时而综合的数据库，以收集与储充信息；另一方面，由于政策规划的制定过程需要和社会进行广泛的接触，了解存在的问题，确认城市居民的实际需求和优先选择，这就使得规划者和相关规划部门不能再把笼统的国家标准与规范作为决策的唯一标准，而需要针对社区、社会的特殊情况而做出具体决定。

（二）政策规划的涵盖因素

1. 公众参与

随着城市规划模式的不断变化，以往纯粹依靠专家的权威性的规划模式已经不能适应社会经济发展的需要，而公众参与的重要性也日益凸显，所以在制定城市公园的政策规划前，应该将公众参与纳入规划过程中。

如果能够有条不紊地组织、运用好选举产生的或指定的公众参与机关，如社区管理委员会等，将对城市公园的政策规划产生重大影响。这些机构组织参与到对政策规划过程的评审当中，能够带来他们所代表的公民群体中的原始资料和信息公民的需要和可供参考的建议和意见，从而使得规划部门所制定的政策能够更好地反映出城市居民的真实需要。公众参与的范围应该尽量扩大，应该使不同的社会阶层、不同的职业、不同的年龄和不同的经济收入的人都可以参加，这样才能更具代表性。如杭州在吴山广场的招标评选中，就采取了大众参与的办法，效果很好。1998 年，上海虹口区曾对两个街道公园进行过招标；而在 2000 年，上海徐家汇中心的绿色空间招标中，也曾进行过一定程度的公众参与。

在公众参与方面，我们要改变观念，不能把它看成一种形式，看成国家和有关部门对公民的一种"恩惠"，而要把它看成公民的一种权利和一种义务。

2. 居民休闲意愿调查和需求评价

对居民的休闲意愿的调查、分析以及休闲需求的评价、研析可以确定城市居民对活动空间以及游憩设施的需求量，从而对城市公园的规模、性质及设施容量做出定性和定量的预测。

3. 公园用地的获取方式

公园的性质决定了其对土地有一定的要求，首先需要具有适合建立公园的土地资源、水资源、植物资源等，对于那些适合建立公园的具有景观资源的用地就需要政府部门对其做出保护和预留，并且确保其能在未来开发中为公园建设所利用。这些用地可以暂时作为农业或绿化用地得以保留，待条件成熟之后，即可作为公园用地来使用。同时，在城市公园土地的获取方式上，也应拓宽对土地、水、植物资源等的获取渠道。

4. 可达性

所有的公共设施都要求其能保证所服务范围内的所有城市居民都能有利用的机会，这就要求它的位置、布局等要有一定的可达性。城市公园是城市中的一种主要的公共设施，它应该是城市居民进行休闲活动的地方，所以它的可达性就变得非常重要。同时，为行动不便的人们提供方便的无障碍环境，也应该作为城市公园规划与设计的重要方针。

5. 城市公园分布的均衡性、公平性

政策规划应该作为一项重要的政策指导原则来获得城市公园建设的基本土地，并对城市游憩设施的均衡分布、公平布局做出指导，要对土地、开发管理资金的不恰当分配进行约束、限制，并且严格而不间断地执行。我国许多城市如上海、广州、南京等地由于历史发展等多方面原因，在城市公园的用地分配布局上还很难做到合理和公平，也无法均衡，这需要在新城建设和旧区改造的过程中不断完善和合理化。

6. 各职能部门之间的关系

各级政府机构，连同那些社会机构组织、工商业组织、社区服务机构等共同担负着为城市居民提供足够的休憩与娱乐设施的职责，因此应使各部门之间明确分工，以确保城市公园所需之土地、资金及其他自然或人工的资源得以真正为公园所利用。同时园林部门不应囿于自身行业，而要与商业、文化、旅游、城市建设等有关部门加强协调，合纵连横，优势互补，使公园系统功能更加完善，活动内容更加丰富多彩，从而获得更高的经济、社会、环境等综合效益。

二、城市公园规模容量的确定

规划城市公园政策的另一个重要方面是确定城市公园的空间范围和设施容量，其合理性可以直接影响公园的吸引力、服务质量以及公园的功能和管理。验证和确定设施的空间范围和容量也有原则，主要包括以下四个方面。

第一，必须反映所服务区域内城市居民的休憩需求。

第二，必须结合实际而具有可行性。

第三，必须为规划实施者及政策决策者所接受、认可并具有适用性。

第四，必须建立在适当的信息资料分析、研判之上。下面我们对空间规模和设施容量逐一探讨。

城市公园的空间规模是指满足城市居民娱乐活动和社区各种娱乐设施所需的土地或娱乐区的大小。它是在对生态、社会、行为和经济信息进行彻底分析的基础上计算出来的。

（一）影响城市公园空间规模的因素

1. 游憩需求

公园设计是为了给本地居民提供一个充分的、综合性的游憩场所，在决定它的空间尺度时，要对城市居民的游憩需求有一个清晰的认识，并针对性地以空间规模去反映这种需求。

2. 吸引力

公园的吸引力主要是由它能满足个体的娱乐需要和社会团体的娱乐需要两方面决定的。公园是否具有吸引力主要由其规模大小、区位、基本功能、景色、设施及服务质量等来决定，另外还有一些不定因素如有助于娱乐体验的人为气氛、人们游憩兴趣的转变、外在交通的方便性等也对其具有很大的影响。而为了具有一定的吸引力，就要求城市公园具有一定的规模。

3. 责任模式

影响城市公园空间规模的一个因素是开发、运营、管理维护的机构部门的不同，城市公园的责任模式也存在差异，这就使得公园的空间规模要求也就不尽相同。

（二）当前有关城市公园空间规模的几个指标

《城市绿化规划建设指标的规定》对城市公园空间规模的几个指标的计算方法进行了详细的阐述。

（1）人均公共绿地面积：城市中每个居民平均占有公共绿地的面积。

人均公共绿地面积（m²）＝城市公共绿地总面积 ÷ 城市非农业人口

本文所说的"公共绿地"指的是城市区域和居民区的公园、小游园、街道广场、植物园、动物园、特种公园等。也就是主要的城市公园。

（2）城市绿化覆盖率：城市绿化覆盖面积占城市面积的比率。

城市绿化覆盖率（%）＝（城市内全部绿化种植垂直投影面积 ÷ 城市面积）×100%

（3）城市绿地率：不同类型的城市绿地（包括公共绿地、住宅绿地、与单位相关的绿地、防护绿地、生产绿地、风景林地等）总面积占城市面积的比率。

城市绿地率（%）＝（城市六类绿地面积之和 ÷ 城市总面积）×100%

而在《城市公园规划与设计规范》中城市公园面积的计算公式如下：

$$C=A \div Am$$

式中：C——公园游人容量（人）；A——公园总面积（m²）；Am——公园游人人均占有面积（m²/人）。

（三）城市公园空间规模的确定

城市人均公共绿地和城市绿地率这两个指标都是一个整体概念，是一系列城市发展目标中的重要指标，是平均性的指标，不能被绝对地运用，而只能作为灵活的指导原则来对城市公园空间规模的确定做出指导。因为其只是平均性的指标，而公园的使用和其所服务的人口、所在的区位，以及所提供的游憩形式和设施有很大的关系，而无游憩设施的公共绿地虽然在这两个指标中占有很大的比例，但使用率却几乎等于零。同时由于这两个指标的平均性，在具体实施上也并非如统计计算那么简单，而是具有相当的难度，因为以其决定的城市公园的空间规模会具有不定性，在特殊区域往往会失去均衡性、公平性。因此以这两个指标确定的城市公园的空间规模并不能真正地反映与满足城市居民的游憩活动需求。而城市公园面积的计算公式也较为笼统。

由于目前所使用的这几个指标在确定城市公园的空间规模方面都存在着一定的局限性，也存在着执行难度，在城市空间规模的确定方面，笔者认为台湾成功大学建筑研究所的郑明仁在其论文《都市公园规划之研究》中引用台湾地区、美国及日本有关研究机构与研究人员的研究成果而得出的计算方式较为科学和精确。为了解其计算方式，首先让我们来了解几个模式术语。

（1）公园利用率 V：利用公园的游人量占公园服务范围内城市居民的比率。

$$V = \frac{6}{7}A + \frac{2.5}{7}B + \frac{1}{7}C$$

式中：A——每天去公园之游客率，即每周六天都去公园之游客量占公园总游客量的比率；B——每周去公园两到三次之游客率，即每周去公园两到三次之游客量占公园总游客量的比率；C——周末才去公园之游客率，即周末去公园之游客量占公园总游客量的比率。

（2）公园最大同时利用率 β：在一天内游客对公园最高的同时使用率。

$\beta = P \times$ 平均逗留时间 $/P. \times$ 全日利用时间

式中：P——最高活动人数（人），一天内，到公园游憩的最高活动人数；平均逗留时间（h），一般市民平均游玩公园的逗留时间；$P.$——时段平均人数（人），公园内各时段内的平均人数（以每小时计算）；全日利用时间（h），市民每天可能利用公园的时间，取 12h（从公园早上 6：00 开园到 18：00 关园之时间）。

（3）必要的公园面积 S：

$$S = \frac{p \cdot v \cdot \beta \cdot s}{\gamma}$$

式中：p——公园的服务人口；v——公园利用率；β——公园最大同时利用率；s——公园利用者每人之活动面积，随不同类型的公园而有所不同；γ——公园有效面积率。

（四）在确定空间规模时应注意的问题

（1）获得活动参与率时，要充分考虑到都市居民在各类活动中的参与程度，要注重整个都市与其所服务地区的居民活动休闲场所的相互结合，室外与室内活动的相互补充。

（2）应注意决定平均使用日的当地因素，如气候、景观、运营准备情况、可用性、城市化程度、景观资源的使用等。

（3）根据娱乐机会识别建筑环境的所有自然资源和因素，包括其规模、成本、可及性、可变性、多样性、工作时间、季节、区域优势等。

（4）人口结构分析。

①双收入家庭、单亲家庭的比例。

②下岗人数的比例，但要和无劳动力的人员区别开来。

③年龄的分组，生活方式的研判。

由于人口、资源、家庭结构、经济状况、活动运营等方面的变化，将导致区域特性发生变化，进而影响到居民活动的参与程度，因此对城市公园的承载能力提出了更高的自由与弹性要求，以适应社区生活模式与特性的变化。

三、城市公园规划的内容

（一）城市公园的分布原则

在这个领域中，主要的工作就是根据目前的公园用地和游憩设施的实际情况，确定城市公园体系的分布形态和分布原则，并且要合理地分配、布局、利用、开发和管理有限的游憩资源。确定公园布局应当根据以下原则。

（1）公园布局应成为城市规划中的一项重要内容，并应符合城市规划的要求。

（2）各种不同类型的公园应遵循"均衡分布"的原则。

（3）在设计时，必须考虑到各个公园之间的交通和风景联结，以及在公园服务区域内提供最大便利。

（4）在城市中，公园的布局对于防火、避难和防震等方面都有显著的作用。

（5）在公园的布局上，要考虑到对低洼地、废弃地、水边地、坡地等不适

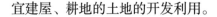

宜建屋、耕地的土地的开发利用。

（二）城市公园的服务半径

日本关于城市公园的分类体系，通过法律手段明确了各类公园的服务半径、土地面积等，为我国制定城市公园的功能、服务半径、土地面积等提供了有益的参考。

根据城市生态平衡原则、城市防灾避难需求原则、城市生态健康要求、人们的步行能力和心理韧性原则等要求，以及理想社会发展的要求，结合当前中国城市发展水平和城市居民对城市公园的实际需求，以及每个城市的总体社会经济发展目标，包括使用年限、服务半径、人均面积等，确定城市公园的服务半径。

（三）设施容量的确定

公园里的游憩设施数量应该按一段时间最多可容纳的数量来计算。

$$x = \frac{p \cdot \beta \cdot \gamma \cdot \alpha}{P}$$

式中：x——某种设施的容量；P——参与活动的人数；β——活动参与率；γ——某项活动的参与率；α——设施同时利用率；p——设施所能服务的人数。β 和 γ 需通过调查统计而获得。

该公式为单个设施的容量的计算方法，其他设施的容量也可以使用该公式进行相似的计算，通过累积叠加来确定园区的整体设施容量。

通过对空间规模和设施容量的计算，我们就可以对公园有一个准确的定量指标。同时在确定城市公园规模、容量之时，还应考虑一些不定性的因素，如服务范围的人口、社会、文化、道德、经济等因素，公园与居民的时空距离，社区的传统与习俗，人们的参与特征，当地的地理特征以及气候条件等。从而对城市公园的空间规模与设施容量根据具体情况而做出一定的变更。

四、城市公园的级配模式

城市公园由小至大，其类型、等级各不相同，对城市的作用也各不相同。如何让这些不同层次、不同类型的公园建立彼此之间的相互关系，形成系统化的网络层级，就需要在公园的配置上使之成为一个完善的系统。

由于城市公园的规模、功能等各不相同，因此城市公园体系的最优配置方式应该是分层配置，这样才能最大限度地发挥城市各类公园的功能，更好地为市民提供服务。在上海、北京、广州等人口密集的大都市中，拥有一个好的公园等级显得尤为重要。

五、城市公园的系统配置

目前公园绿地系统的配置类型，主要有以下几种形式。

（1）分散式。现代的城市公园大都是以点状分布于城市各处。这一分布方式使公园之间没有得到很好的沟通，而且没有一个公园之间的连线网络。

（2）联络式。有时也称为绿道（Green Way）式，就是将城市的公园、绿地与网络结合起来，让城市居民的居住和办公环境都能与大自然融为一体。这种方式的优势在于交通便利，但其缺点是没有更大的都市公园。

（3）环状绿地带形式。市区内和周边保持一定的绿色空间。这种情况在欧洲的一些古老城市中很常见，它们将古老的城墙残骸或者护城河变成了一条小径，将街道和街道分割开来。梁思成在新中国成立后的北京设计中，就采取了这种方式，把北京的古城墙改造成了一个环形的城市公园。合肥的环城公园也是这样一种布局。在近代国外的城市设计中，霍华德（Howard）的"花园城市"（Garden City）的永久农业地带，以及美国绿地带城市（Green Town）四周的绿地都采用了这种形式。圆形道路在城市的内外表面之间没有连接，但它对城市街道有很好的疏散效果。

（4）放射状绿地形式。城市的公园和绿色空间以放射的方式分布在城市的中心。这样的形态可以使邻近的放射状绿色区域快速增长，而在它的空隙部分则缓慢增长。放射式的例子有德国的汉诺威、威斯巴登及美国的印第安纳波利斯。

（5）放射环状式。放射环状式是将辐射型与环状型相结合，使其优势与劣势相得益彰，是一种较为理想的城市公园绿地形态。德国科恩的"公园绿地"体系就是这样的，合肥的园林绿地体系也是这样的。同时，它主要是在新建成的城市里使用，在普通的城市里使用就比较困难。

（6）分离式。前5种类型的城市园林绿化体系都是受限于城市的空间发展为圆形、方形和多边形。如果城市是一条带状发展的道路，一面有河流，一面有山脉，那就不能使用这些形式了，最好使用平行的绿带，把居民区和工业区分开，这样就可以最大限度地发挥公园的作用。

　　进入 21 世纪，随着人类重新开启人与自然协调发展的新篇章，城市公园系统配置将逐步走向多元化、网络化和生态合理化。通过其多样性和生态性的配置，使城市真正形成了公园绿地"点上绿树成景、线上绿树成荫、面上绿树成林、环上绿树成带"的格局。

第二章　公园景观组成要素

第一节　物质文化景观

一、名胜古迹景观

名胜古迹景观主要指风景如画的地方和历史遗迹，指各种建筑遗迹、建筑、古典园林等，具有很高的艺术价值、纪念重要性和历史所传达的装饰效果。一般分为古建筑遗址、古建筑、古工程及古战场等。

（一）古代建筑遗址

现存的城市、村庄、街道、桥梁等，很多为古代建筑的遗存或地点，古城市如我国著名的四大古都，包括闻名世界的历史名城西安，元明清古都北京，六朝古都南京，十三朝古都洛阳，还有杭州、开封等都是历史悠久的古城。古乡村（村落）如西安的半坡村遗址，古街如安徽屯溪的宋街，古道如西北的丝绸之路，古桥如卢沟桥、赵州桥。

（二）古建筑

我国古代建筑有着悠久的历史，它有着多样的形态、丰富的造型、严密的结构和精巧的空间，在世界上都是独一无二的，而且近几十年来修建、复建的古建筑面貌一新，成为园林中的重要景观。

古建筑一般有以下几种：宫殿、府衙、名人居宅、寺庙、塔、教堂、亭台、楼阁、古民居、古墓、神道建筑等。其中寺庙、塔、教堂合称宗教与祭祀建筑；亭台、楼阁有独立存在的，也有在宫殿、府衙及园中的。跨类而具有综合性的"东方三大殿"有北京故宫的太和殿、泰山岱庙的天贶殿、曲阜孔庙的大成殿。江南

三大名楼：湖南岳阳楼、湖北黄鹤楼、江西滕王阁。

1. 古代宫殿、衙署建筑

（1）古代宫殿建筑富丽堂皇，具有无可比拟的文化价值，享誉全球。北京明、清故宫，原称紫禁城宫殿，是明、清两朝的皇宫，紫禁城今为故宫博物院，是中国现存规模最大、保存最完整的古建筑群，分为外朝、内廷两大区。外朝居前部，由中轴线上的前三殿（太和殿、中和殿、保和殿）与其东西两侧对称的文华殿、武英殿组成。内廷在前三殿之后，由后三宫、东西六宫、乾东西五所组成。全宫区按用途与重要程度有等差、有节奏地安排建筑群的体量和空间形式、位置，是中国古代建筑组群最高水平的代表。

拉萨布达拉宫于7世纪始建，17世纪重建，是历代达赖喇嘛居住和进行宗教政治活动的地方。包括红山上的宫堡群、山前方城和山后龙王潭花园三部分。布达拉宫内绘有大量壁画，题材有西藏佛教发展史、五世达赖喇嘛生平、文成公主进藏等。各座殿堂中还保存有大量珍贵文物和佛教艺术品。布达拉宫反映了西藏工匠的智慧和才华，反映了西藏建筑的品质和成就，也是人们了解西藏文化、艺术、历史和人民的宝库。

（2）衙署建筑所指的政府建筑在古代是地方政府不同级别机构的住宅。今天中国保存最完好的古代省、州、县级政府机构是河北保定的直隶总督府、山西霍州府和河南南阳的内乡县政府。

2. 宗教建筑

由于宗教信仰的不同，宗教建筑的名字和风格也各不相同。在我们国家，道教是第一个出现的，其建筑称宫、观；东汉明帝时期（1世纪中期）佛教传入中国，其建筑称寺、庙、庵及塔、坛等；明代基督教传入中国，其建筑称教堂、礼拜堂；还有伊斯兰教等。

与宗教密切相关的各种形式、规模的寺塔、塔林，我国现存的也很多，著名的有：陕西西安大雁塔，河北定州开元寺塔，浙江杭州六和塔，江苏苏州虎丘塔和北寺塔、镇江金山寺、常熟方塔，上海龙华塔、兴圣教寺塔等。最高的为四川都江堰奎光塔，共17层；小型的如南京栖霞寺舍利塔。还有作为景观的塔，如北京北海公园的白塔、扬州瘦西湖的白塔、延安宝塔等。塔林如河南少林寺的塔林等。①

---

① 马锦义：《公园规划设计》，中国农业大学出版社2018年版，第73页。

3. 祭祀建筑

在中国的传统文化中，有一套完整的宗法礼教体系，这一体系中，有很强的崇祖崇德的思想，有田地，有庄稼，有天地，有日月，有文神、武神等各种神灵，为了表达这种崇敬和感恩的心情，出现并形成了很多用来祭祀天地鬼神、山川河岳、祖宗英烈、圣哲先贤等的坛庙祭祀建筑，也就是所谓的礼制建筑。

祭祀建筑以山东曲阜孔庙历史最悠久，规模最大。其他各地也多有孔庙或文庙。还有皇帝新建太庙，建于都城（紫禁城）内，今仅存北京太庙（现为北京市劳动人民文化宫）。再有纪念名人的祠庙，有名的如杭州岳王庙、四川成都武侯祠（祭祀诸葛亮）、杜甫草堂等。

泰山岱庙坐落在泰山的南面，是泰山上保存最完整、规模最大的古代建筑，同时也是一座道教仙府。它的建筑形式借鉴了皇宫的风格。岱庙东宫在汉柏园的北面，原是清朝帝王居住的地方。它的垂花门和东华门在一条线上，正门正对着汉柏阁。院内殿宇毗连、步廊环围，1985 年，它被设为泰山名胜馆。大殿中陈列的是泰山祭祀用具。祭坛建筑有北京社稷坛（现为中山公园）、天坛（祭天、祈丰年）等。天坛是中国现存最大的古代祭祀性建筑群，主体为祈年殿，建在砖台之上；砖台东西 165m，南北 191m，正中央有祈谷台。台四周有矮墙，开四门。祈年殿位于坛中央，结构雄伟、构架精巧，有强烈向上的动感，表现出人与天相接的意愿。

4. 会馆建筑

"会馆"是中国古代一种有特定功能的建筑，起源于汉朝的官邸，是让一省、一州、一府、一县，或者数个省，或者一些地方的同乡、同行在外省或者其他地方，为了维护自己的利益而互相联络。其中比较有名的有在四川自贡的西秦会馆、天津的广东会馆、山东聊城的山陕会馆、河南开封的陕甘会馆、南阳社旗的山陕会馆等。

河南位于中原腹地，地理位置优越，自古以来就是南北货物的流通集散中心，尤其到了明清两代，商贸繁荣，区域间的商贸往来日益频繁，来自全国各地的商人纷纷在河南的各大商港设立会馆，接待往来的客商、商旅，并为乡亲们提供了一个聚会、联络、居住的地方。会馆多设在交通便捷、物产丰富、商业发达、商人云集的州府、郡县。河南现存的会馆大多建于清代上中叶，其建筑形态与普通住宅有较大区别，更多地借鉴了庙宇和宫殿的建筑格局。其中以戏楼和春秋楼最为突出。关羽是商贾最尊崇的人物，因此有些地方把它叫作"关帝庙"。

会馆是一座具有商业性的公用建筑物，富商大贾为彰显自己的财大气粗、产业繁荣，不惜花费重金，从各地招募能工巧匠，建造出一座宏伟壮观的建筑。会馆内的各种雕塑大多为复杂的图案、精致的雕刻、鲜艳的色彩。

5. 亭台楼阁建筑

台，出现得比亭早，初为观天时、天象、气象之用，如殷鹿台、周灵台及各诸侯的时台。后来遂作为园中高处建筑，其上亦多建有楼、阁、亭、堂等。现存的台如北京的居庸关云台、河北邯郸丛台、山西应县小石口长城空心敌台等。

亭，初为道路、山路休息之所，十里一亭，称十里长亭，是中国现存最为常见的一种古代建筑，特别是在园林、公园中多见，为园中一景。亭之造型较为丰富，亭可赏景，亭可佐景。

现存著名的亭有浙江绍兴兰亭、江苏苏州沧浪亭、安徽滁州醉翁亭、北京陶然亭等。

楼，"楼者，重屋也"。楼在战国时期就出现了，当时主要用于观敌瞭阵，后来发展为供人居住的住宅。楼的造型多种多样，但园中的造型是一层为厅堂式建筑，外部设有立柱，用以支撑上层建筑，并形成一种外廊。现存的楼建筑，有承德避暑山庄烟雨楼、江南三大名楼、安徽当涂太白楼、云南昆明大观楼等。

阁，"重屋为楼，四敞为阁"。这是楼与阁重要的区分点。阁的四面皆有窗，也设有门，四周还都设有挑出的平座，供人环阁漫步、观景。平座设有美人靠（一种类似凉椅式的座椅），供人休息、凭栏观景。现存的阁如北京颐和园的佛香阁、山东蓬莱水城蓬莱阁等。

6. 名人居宅建筑

历史上各朝代的名人居宅现存的很多，如四川成都的杜甫草堂、浙江绍兴徐渭的青藤书屋、北京西山曹雪芹的旧居等。近现代如广东中山市的中山故居、广州中山堂。

7. 古代民居建筑

民居是人们在世界上居住的方式、住房构造的统称。"古屋"是一种既有浓郁的乡土特色，又有丰富的历史和文化底蕴的住宅。我国是一个多民族的国家，从古代开始，民居建筑就变得五彩缤纷，既经济又实用，又小又漂亮，每一栋都有自己的特点，它也是中华民族建筑艺术和文化的一个重要体现。住宅建筑也被引入古代园林中，如北京颐和园仿建苏州街。

我国现存古代民居建筑形式多样，如北方四合院、延安窑洞、江南园林式宅院、华南骑楼、云南村寨竹楼、新疆吐鲁番土拱、内蒙古的蒙古包、四川阿坝藏族碉房和福建客家土楼等。

安徽徽州明代住宅是我国现存古代民居中的珍品，基本为方形或矩形的封闭式三合院、四合院及其变体。山西襄汾明代住宅为三合院或四合院，抬梁式构架，布局简洁，工艺讲究，风格朴实，是现代人们研究古民居的一个重要场地。同时国外丰富多彩的民居建筑也提供了众多的创作素材。

8. 古代陵墓建筑

陵墓建筑指陵、墓（冢、茔），还包括神道、墓碑、华表、阙等附属建筑。陵，为帝王之墓葬区。墓，为名人墓葬地。神道，意为神行之道，即墓道。墓碑、石碑竖于墓道口，称神道碑。华表，立于宫殿、城垣、陵墓前的石柱，柱身常刻有花纹。阙，立于宫殿、祠庙、陵墓门前的双柱，陵墓前的称墓阙。

历代著名的陵墓建筑有陕西桥山黄帝陵；临潼秦始皇陵；兴平市汉武帝的茂陵；陕西乾县唐高宗与武则天的合葬陵乾陵；南京牛首山南唐二主的南唐二陵；河南巩义市嵩山北路的宋陵，为北宋太祖之父与北宋七代皇帝的陵墓，统称"七陵八帝"，是我国古代最早集中布置的帝陵；南京明太祖的明孝陵；北京明代十三陵，是我国古代整体性最强、最善利用地形的、规模最大的陵墓建筑群。

历代名人墓地著名的有山东曲阜孔林、安徽当涂李白墓、浙江杭州岳飞墓、陕西韩城司马迁墓等。

古代陵墓是历史文化的宝库，已挖掘出的陪葬物、陵殿、墓道等，是研究与了解古代艺术、文化、建筑、风俗等的重要实物史料。

9. 官学和书院建筑

官学和书院都是中国封建时期的教育、学术、文化组织，它们分别是由国家举办的国学教育场所和私人举办的书院。中国保留了明清两代官方开办的学校，包括北京国子监、山西平遥县学堂；其中，以宋朝的四大书院最为著名，分别是：江西庐山的白鹿洞书院、湖南的岳麓书院、河南登封的嵩阳书院，以及河南商丘的应天府书院。

（三）古工程及古战场

著名的古工程有长城、都江堰、京杭大运河等。古战场有湖北赤壁三国时期赤壁之战的战场、重庆合川钓鱼城——南宋抗元古战场等。

二、文物艺术景观

文物艺术景观指石窟、壁画、碑刻、摩崖石刻、雕塑艺术品、出土文物及工艺类产品等人类的遗迹。古代的石窟、壁画和碑刻，有的已经变成了风景名胜，有的只是作为园林的装饰品，一些特色手工艺品也往往作为展览品。

中国的文化遗产和艺术十分丰富，陈列于公园中则为公园大增光彩，提高了公园的价值，吸引着人们观赏研究。

（一）石窟

我国现存的岩洞历史悠久、形式多样、数量众多、内容丰富，是综合性艺术宝库。在其上凿刻和雕刻的古代建筑、佛像和佛经故事，具有极高的艺术水准，具有不可估量的历史和文化价值。闻名世界的有甘肃敦煌莫高窟，从前秦至元代，该工程延续上千年，现存石窟492个，其中唐代所凿占半数，彩塑2 000余座，木构窟檐5座，保留着佛寺、城垣、塔、阙、住宅等建筑艺术资料，是我国古代文化、艺术储藏丰富的一座宝库。山西大同云冈石窟，北魏时开凿，今存大小石窟53个，造像51 000余尊，以佛像、佛经故事等为主，也有建筑形象。河南洛阳龙门石窟，是北魏后期至唐代开凿的大型石窟群，有大小窟龛2 000多处，造像10万余尊。

（二）壁画

壁画是由人直接绘制在墙上的绘画作品。作为建筑的辅助性部位，其装饰、美化的作用使得其在建筑设计中具有不可忽视的作用。壁画是最早期的一种图画。壁画在汉代已有记录，主要出现在洞穴、墓室和寺庙的墙上。著名的壁画如北京北海公园九龙壁，建于清代乾隆年间，上有九龙浮雕图像，体态矫健，形象生动，是清代艺术的杰作。时至今日，随着现代技术与文化氛围的融合，墙面绘画日益多样化、个性化，越来越多地运用于园林景观的建设。

（三）碑刻、摩崖石刻

碑刻是刻文字的石碑，是各种书法艺术的载体。我国著名的以碑刻为主题的公园有西安碑林公园和太原碑林公园。太原碑林公园坐落在太原市滨河东路出口的康乐街上，整体规划为一条环带，分南北两个部分。其中，北园由碑厅、碑亭、假山、小桥、水池、碑廊、画廊、接待室组成，旨在采用碑刻形式收藏和展示历代名人书法墨迹，弘扬优秀传统文化，它现已陈列有傅山先生和明清时期书法家418块大型碑刻书法精品。

摩崖石刻是刻文字的山崖，除了题名，大部分是名山的碑刻和佛经。摩崖石刻包括大量的历代人物题写的碑刻，具有很高的书法艺术价值。与此同时，这些具有不同时代、不同民族文字的摩崖石刻，有的富有自然美，有的规模宏大，有的气势恢宏，有的出自名家之手，给优美的自然风光增添了深刻的人文内涵。如今，在我国许多公园中仍保存着重要的摩崖石刻，成为公园景观的重要组成部分。如北京香山公园保留下来的道光皇帝、乾隆皇帝的御笔题刻。

（四）雕塑艺术品

雕塑艺术品是指用各种可塑材料（如石膏、树脂、黏土等）或可雕、可刻的硬质材料（如木材、石头、金属、玉块、玛瑙、铝、玻璃钢、砂岩、铜等），在一定的空间中，创作出看得见、摸得着的艺术形象，以此来反映社会生活，表达艺术家的审美情感、审美理想的艺术。雕塑是用雕刻的方法来减少可雕刻的材料，而用塑形的方法来堆积更多的可雕刻的材料，以达到创作的目的。园林雕塑是具有独特环境效应的造型艺术，有表现园林意境、点缀装饰风景、丰富游览内容的作用，具有纪念性、主题性、标志性、装饰性等功能意义。雕塑大致可以分为四类：纪念性雕塑、主题性雕塑、标志性雕塑、装饰性雕塑。雕塑有圆雕、浮雕、透雕、动雕等形式，其材质、形式、尺度应与环境相宜。

现代园林设计中，雕塑被广泛运用在景观营造中，与园林要素相映衬。如塑成仿树皮、竹材的混凝土亭，仿树干的灯柱，仿石的踏步，仿花草的各种装饰性的栏杆窗花，以及塑成气势磅礴的狮山、虎山等。

我国公园中比较有名的雕塑作品有上海中山公园四不像雕塑、北京奥林匹克公园中意为"尖峰"的Spiky雕塑。广州越秀公园的"五羊雕塑"，建于1959年，由著名雕塑家尹积昌等人根据五羊传说而创作。该雕像连基座高 11 m，共用 130 余块花岗石雕刻而成。体积约 53 m³，仅主羊头部一块石料，就重达 2 000 kg 以上。五羊大小不一，主羊头部高高竖起，口中衔穗，回眸微笑，探视人间；其余四只羊环绕其身，或戏耍，或吃草，还有羊羔在吸吮母羊的乳汁。五羊姿态各异、造型优美、栩栩如生、情趣横溢，令人流连忘返、浮想联翩。

坐落于青岛五四广场上的主体雕塑"五月的风"，以螺旋上升的风的形状与鲜艳的颜色，既表现出五四运动反对帝国主义与封建主义的爱国情操，又表现出张扬腾起的国家气概。它高达 30 m，直径 27 m，重达 500 t 以上，为中国最大的钢质城市雕塑。它手法简洁、线条简洁、质地厚实，展现了"劲风"的凌空姿态，带着"力"的震撼力。

（五）出土文物及工艺美术品

出土文物及工艺美术品中，西安秦始皇兵马俑、山东淄博齐国殉马坑、北京十三陵出土的各类古墓及其随葬器物，均有较高的考古价值。

工艺美术品又叫工艺品，是指运用艺术手法制作出来的具有观赏性和实用性的商品。中国工艺美术品种类繁多，分十几大类、数百小类，品种数以万计，花色不胜枚举。包括陶瓷工艺品、玉器、织锦、刺绣、印染手工艺品、花边、编织工艺品、地毯和壁毯、漆器、金属工艺品、工艺画、首饰等。

三、山工程景观

（一）人工堆山

（1）土山主要是用土堆成的假山，形状较为平缓，可以构成土丘和丘陵，占据的空间较大，通常被用来在平地的外延中充当景色的转折点，或者被用来充当障景、隔景，来丰富公园的景观效果。堆砌土丘、小山的方法相对简便，建造土山的方法也相对省力，并能在很大程度上改善园林景观。例如，郑州紫荆山东段与周边道路的分隔，利用 3～5 米高的带状土山，将"开凿"和"堆砌"有机地结合在一起，既能有效地减少土石方用量，又能满足周边景观绿化的需求，有利于形成一道绿色屏障。

（2）石山以石头为主，通常体积较小，在布置和设计中，经常被用在院子里、回廊旁边，或者沿着墙壁建造，用作楼梯，或者是下洞的凉亭，或者是下洞的平台。石山建筑不受山势的制约，可以巍峨挺拔，有绝壁，有峰有谷。

（3）土石山是一种由岩石和泥土混合而成的假山，它可以分为两种类型，一种是石头较多，另一种则是石头较少。石质多、土质少，这类石头在江南很常见。因为有了岩石的保护，所以可以形成陡峭的悬崖，在岩石之间留一些洞穴，嵌土，种植一些奇松，这样可以增加一些生命的活力，有时候还可以建造一些洞穴，这样既可以减少山石的数量，又可以增加游赏的内容。一种由泥土堆砌而成的假山，外表上有少量的石头，它的特点与土山很像。这种类型的假山不是很多，特别是江南地区甚少，而北方比较多见。一般占地面积较大，山林感较强，把土山和石山有机地融合在一起，这样可以降低成本，还可以创造出一种丰富多彩的植物景观，在现代公园中被人们所推崇。

（二）山石景观

山石景观主要由假山景观、置石景观、石作景观、石玩景观4个方面构成。在园林中，山石或表现出自身的形式之美，或表现出群落的组合之美，或表现出拾叠的艺术性，是园林中不可或缺的元素。不同地区受环境条件、原材料、文化以及技术的影响，都形成了具有独特风格的山石景观。

山石景观在园林中也有其特有的内涵美。中国古代园林以"山"为"骨"，以"石"为"骨"，以"山"为"片石"。这就是中国独特而又令人感兴趣的一种微观文化。

（1）假山景观。在园林中，以土、石为主要材料，营造出一种"假山"景观。通常情况下，假山是以真山为基础，以造景为主要目标，它的构成单位非常丰富，能给人一种身处自然森林的感觉。人们可以通过欣赏这些假山，达到一种"虽然是人为的，但却是天然的"的艺术境界。

（2）置石景观。置石景观指的是山石未经堆叠，零散地排列在一起，形成独立的、组合的或辅助的景观。置石景观是指在没有山形的情况下，将山石作为独立的景物，或与护坡、装饰品等结合在一起，发挥其实际的作用。置石景观的结构很简单，可以反映出较深的意境，可以达到寸石生情的艺术效果。按石头的多少，可将置石景观分为特置、对置、散置、群置和土坡叠石。

①特置：指一座山峰上的个别石头以一种独特的方式排列在一起，形成一种独特的景观。"立峰"是指那些直立起来的山峰，如冠云峰、瑞云峰；平躺着的石头被称为"卧石"，就像北京颐和园里的青芝岫一样。在公园的入口处，多用作障景、对景，或置于廊间、亭下、水边、园路的拐角处，成为局部空间的构景中心。

②对置：一种由山和石构成的风景，位于一座建筑的两边。而在大型建筑物前或广场上，则常以规整的行列方式排列成多个石景。它也起到了衬托建筑、美化风景的作用。例如，在颐和园的排云堂前面，排列着一幅十二生肖的石画；在颐和园的东宫门口，就是在大雄宝殿前面，对称地排列着四幅石画。

③散置与群置：大大小小、形态各异的岩石零散地分布在各处，其本质是"攒三聚五"，构成一种散乱的天然石景，因此也被称为"散点"。3～5个散石，通常叫小散石；如果是6～7个，或者更多的话，就会占据很大的空间，这就是所谓的"大分散"，也就是所谓的"群落"。这种排列形式多用在平缓的草坪上，或斜坡广场的边缘。它不仅能减小雨水冲刷地表的速度，还为山体增加了一种怪异的气势，让人与自然之间有了一种和谐的过渡。

④土坡叠石：指土坡上多块山石叠加组合形成的山石景观。石块密度较大，并且有局部垒叠的结构。土坡叠石是群置石景向假山景观的一种过渡。

（3）石作景观。石作景观是指经艺术雕刻或建筑砌石形成的具有一定工艺美的山石作品。根据方法和结果不同分为石雕、山石器设、石砌。

①石雕：石雕像、石雕画、石雕字都可大大增加公园的文化内涵。

②山石器设：天然的岩石经过一定的加工，可以直接作为屏障、石栏、石桌、石凳、石床，也可以作为井台、石臼、石碗。以山为材、以石为材，是中国园林中较为普遍的做法。如苏州怡园中的那座"屏风叁叠"，就是其中之一。在北海公园琼华岛的延南薰亭中，石桌以及旁边的洞穴里的石床为园林景观增添了几分艺术性。石桌既具实用性，又可与园林景观紧密结合。尤其适用于地势高低不平的自然布局，易于与周边环境相协调，节材耐用，不需搬运，更不用担心风吹雨打。

③石砌：运用建筑技巧修建山石花台、山石景墙、山石驳岸、山石踏道、步

道、步石等。山石花台可相对降低地下水位，合理安排观景高度，协调庭院空间，起到协调花木与山石的作用。如苏州留园中韩碧山居南侧的牡丹亭子，就是如此布局。在此基础上，根据地势高低或空间分区，修建具有一定高度、景观的岩壁，称为岩壁景观墙。如北京双秀公园的叠玉景墙。建筑的边角多单调平滞，而中国造园艺术要求人工美从属于自然美，要把人工景物融合到自然环境中去，达到"虽由人作，宛自天开"的高超的艺术境界，所以用少量的山石在合宜的部位装点建筑。

（4）石玩景观。石玩景观指的是选取自然生成、形状奇特、纹理奇特的岩石，通过艺术布置和装饰，从而形成的一种山石景观，注重其天然情趣之美。

①小品石：体型不大、造型或纹理奇特、摆放几案之上清赏的自然山石精品。如故宫御花园院内有"云盆"、"和尚拜月"、珊瑚石以及木化石精品等供人们欣赏。

②盆景石：山石也是盆景艺术的重要素材之一。山石组成了公园中丰富多彩的景观，这些景观的形成主要取决于自然山石本身坚固耐用、易于加工造型、多样的种类和来源、古拙的自然美、特殊的文化内涵等特点。

四、水工程景观

（一）人工水池

水池的形状大多是几何形的，如圆形、正方形、矩形、多边形或曲线、曲线和直线的组合。水池面积相对较小，多取人工水源而且要求比较精致。水池可根据其应用形式分为以下几种类型。

（1）下沉式水池。使局部地面下沉，限定出一个范围明确的低空间，在这个低空间设水池。这种形式有一种围护感，四周较高，人在水边视线较低，仰望四周，新鲜有趣。

（2）台地式水池。与下沉式相反，是把开设水池的地面抬高，在其中设池。处于池边台地上的人们有一种居高临下的优越的方位感，视野开阔，趣味盎然，赏水时有一种观看天池的感受。

（3）室内外渗透连体式（或称嵌入式）水池。通过水体将室内与室外连接为一体，有时成为入口的标志景观。

（4）具有主体造型的水池。这种水池由几个不同高低、不同形状的规则式水池组合而成，蓄水、种植花木，增加观赏性。

（5）使水面平滑下落的滚动式水池。池边有圆形、直形和斜坡形几种形式。

（6）平满式水池。池边与地面平齐，将水蓄满，使人有一种近水和水满欲溢的感觉。

（二）喷泉

喷泉常与池塘、雕刻相配，用于园林景观的装饰。喷泉是现代园林中常见的一种形态，有直尖型、杉木型、半圆形、牵牛花型、芙蓉型、蒲公英型，以及雕塑型。另外，喷泉还可以分成四类：普通喷泉、时间控制喷泉、语音控制喷泉，以及灯光喷泉。

（三）驳岸

在公园中开辟水面需要有稳定的湖岸线，防止地面被淹并维持地面和水面的固定关系。同时，公园驳岸也是园景的组成部分，必须在实用、经济的前提下注意外形美观，使之与周围景色协调。一般的驳岸种类有土基草坪护坡、砂砾卵石护坡、自然山石驳岸、条石驳岸、钢筋混凝土驳岸、打桩护岸等。

（四）落水、跌水

落水是一种以水势高差为基础的动态水景观，有溪流、山涧、跌水、瀑布、漫水等，一般瀑布可分为挂瀑、帘瀑、叠瀑、飞瀑等形式。落水可分直落、分落、断落、滑落等。

跌水指欧式园林中常见的呈阶梯式跌落的瀑布。跌水在实质上是对瀑布的一种变体，它突出了一种有规律的阶梯式的落水形态，是一种富有节奏感和节奏感的设计形态。

（五）闸坝

闸坝是一种用于控制水流进出一定断面的水力结构，起到蓄水、排水的作用，一般设置在进、出水口处。闸门分成进出水闸、节制水闸、分水闸、排洪闸等。水坝分为土坝（草坪或铺石护坡）、石坝（滚水坝、阶梯坝、分水坝等）、橡皮坝（可充水、放水）等。公园闸坝多与建筑、假山相配合，组成公园造景的一部分。

五、动植物景观

（一）动物景观

1.动物景观类型

（1）观赏动物。动物的体态、色彩、姿态和发声都极具美学观赏价值，蕴藏着一种气质美，世界各地历来都有观赏动物的传统。观赏性动物，指仅供观赏，不吃不杀，多为濒危或有价值的野生动物。如老虎体形雄伟，有山中之王的气度，以及长颈鹿、长鼻子大象、"四不像"麋鹿等都具有观赏价值，孔雀、鹦鹉、斑马、金钱豹、火烈鸟等都是以斑斓的色彩吸引旅游者的。

（2）珍稀动物。指野生动物中具有较高社会价值、现存数量又极为稀少的珍贵稀有动物。珍稀动物包含陆生生物类、水生生物类、两栖类、爬行类。如大熊猫、金丝猴、白头叶猴、羚羊、扬子鳄等。

（3）表演动物。表演动物具有自身的生活习性，在人工驯养下，某些动物还有模拟特点，即模仿人的动作或在人的指挥下做出某些记忆表演。如大象、猴子、犬等表演某些动作，海洋公园海豚表演。

（4）迁徙动物。迁徙是动物进行一定距离的移动的行为，东亚地区的飞蝗和蝴蝶等无脊椎动物，海龟等爬行类动物，蝙蝠、鲸鱼、海豹和鹿科等哺乳类动物，以及一些鱼类也存在着随季节变化而迁移的习性。动物的迁移具有规律性和方向性，而且多是集群进行。一般将群鸟有规律、有节奏、有方向的飞翔活动称为迁飞，如燕子、鸿雁等。

2.动物景观特性

（1）奇特性。动物的形态、生活习性、繁殖、迁徙等都有其独有的特征，游客可以从这些特征中得到审美的体验。动物是有生命的生物，会奔跑，会移动，会"表演"，与植物相比，它们的魅力更大。珊瑚和蝴蝶，以无脊椎动物的美丽著称，以及脊椎动物中的各种鱼类、海龟、蛇、鸟类等，都非常具有观赏性。鸟类是重要的观赏动物，不仅能观察它们的颜色和运动，还能听到它们的声音，提供从视觉到听觉的各种美学体验。

（2）珍稀性。动物的吸引力在于它们的稀有性。许多稀有动物甚至濒临灭绝，如大熊猫、金丝猴、东北虎、野马、野牛、麋鹿、白唇鹿、白鳍豚、扬子鳄、棕熊、普通朱鹮等。这些动物因其稀有性而经常成为人们关注的焦点。不少珍稀动物，如金钱豹、斑羚、猪獾、褐马鸡、环颈雉等，是公园景观中的亮点，既可吸引游客，又是科普教育的好题材。

（二）植物景观

公园植物景观是运用乔木、灌木、藤本及草本植物等题材，通过艺术手法，发挥植物的形体、线条、色彩等自然美来创造出的公园景观。公园内植物种类繁多，大小和形态各异。有高达百米的巨大乔木，也有矮至几厘米的草坪及地被植物；植株有直立的、丛状的，也有攀缘的和匍匐的；树形有丰满的圆球形、卵圆形和伞形，也有耸立笔直的圆锥形和尖塔形；等等。植物的叶、花、果更是色彩丰富，绚丽多姿。园林植物作为有生命的造景材料，在生长发育过程中呈现出鲜明的季节特色和由小到大的自然生长规律，丰富多彩的植物材料为营造公园景观提供了广阔的空间，乔木、灌木、草本植物等不同类型的园林植物材料的合理配置构成了丰富多彩的公园植物景观，如北京紫竹院公园内的筼石苑植物景观，借天然优势，各种植物空间高低错落，与水中荷景相互映衬，显示了植物色调和层次的丰富与美感。再如上海徐家汇公园汇金湖北侧绿地的植物景观。

园林植物种类繁多、姿态各异。按照习性和自然生长发育的整体形状，从使用上可分为乔木、灌木、藤本植物、花卉、草坪、地被植物等。欣赏公园植物景观的过程是人们视觉、嗅觉、触觉、听觉、味觉五大感官媒介审美感知并产生心理反应与情绪的过程。

1. 植物的分类

（1）乔木。乔木指树体高大的木本植物，通常高度在 5 m 以上，具有树体高大、主干明显、分支点高、寿命较长等特点。依成熟期的高度，乔木可分为大乔木、中乔木和小乔木。大乔木高 20 m 以上，如毛白杨、雪松；中乔木高 11～20 m，如合欢、玉兰；小乔木高 5～10 m，如海棠花、紫丁香。

乔木是公园植物景观营造的骨干材料，乔木形体高大、枝繁叶茂、绿量大、生长年限长、景观效果突出，在公园中具有举足轻重的地位，熟练掌握乔木的应用，能够营造出良好的植物景观。此外，乔木还有界定空间、提供绿荫、防止眩光等作用。大部分树木在色彩、线条、纹理和树形等方面都会随着叶子的生长和枯萎而呈现出丰富的季节性变化，即使在冬天落叶之后，也可以表现出树枝的线条美。乔木根据一年四季叶片是否完全脱落分为常绿乔木和落叶乔木，常绿乔木四季常青，落叶乔木则在冬季或旱季落叶，形成不同迹象的景观变化。从叶片和树体形态还可将乔木分为针叶树和阔叶树，针叶树为裸子植物，叶片细小，树体高耸；阔叶树多为双子叶植物，叶片较大，树形开阔，两种类型的乔木在形态、习性和应用效果上差异明显。

①针叶树，多为常绿树种，树体高大，树形独特，从植物分类角度上属于裸子植物，起源较早，具有良好的适应环境能力。在公园中，针叶树可作为独赏树、庭荫树、行道树进行种植，亦可进行群植与片植，深受人们喜爱，是一类重要的园林树种。

针叶树叶片形态细如针或呈鳞形、条形等，无托叶，多为常绿树，大多含树脂，红松、油松、云杉、冷杉等为常绿针叶树，叶片能生存多年而不落，落叶松、水杉等为落叶型针叶树，叶片在秋季变黄，是优美的秋色叶树种，冬季落叶后展示出优美的树姿。

②阔叶树，一般指具有扁平、较宽阔叶片，叶脉呈网状的多年生木本植物，一般叶面宽阔，叶形随树种不同而有多种形状，叶常绿或落叶。常绿阔叶树种有小叶榕、广玉兰、香樟、桂花、杜英等，落叶阔叶树种有垂柳、榆树、合欢、国槐、元宝枫、玉兰等。

阔叶树多为双子叶植物，种类丰富，形态多样，花、果、叶都具有不同色彩，而且同一种树的花、果、叶的色彩还会随着季节变化而出现有规律的变化，观赏价值很高。阔叶树种的形态和色彩美在公园中的景观效果非常明显。

（2）灌木。灌木是指具有木质茎，在地表或近地面部分多分枝的落叶或常绿植物，一般树体高2 m以上称为大灌木，1～2 m为中灌木，高度不足1 m为小灌木。灌木种类繁多，灌木的线条、色彩、质地、形状是主要的观赏特征，其重要的叶、花、果实和茎干可供全年观赏，是公园景观配置中不可缺少的元素，并能为整体环境提供一个季相丰富且持续存在的背景。此外，高灌木也可以给人以遮蔽的空间，是乔木与草地的一种过渡。

灌木按其叶片形态和生态习性分为常绿灌木和落叶灌木。

①常绿灌木，叶片常绿，通常植株开展、枝叶茂密、四季常青，多见于热带、亚热带地区，可周年观赏，是非常优良的植物景观，如十大功劳、栀子花、八角

金盘、夹竹桃等。北方常见的常绿灌木主要有小叶黄杨、雀舌黄杨等。

②落叶灌木，种类繁多、分布广泛，是公园中重要的植物景观。在北方地区，落叶灌木是公园造景中不可或缺的要素，常用的有金银木、接骨木、红瑞木、女贞、连翘等。南方常用的落叶灌木有金丝桃、毛杜鹃、紫薇等。

（3）藤本植物。藤本植物以其枝条细长、不能直立而区别于其他园林植物，具有非常明显的特色。它在群落配置中无特定层次，但可丰富景观层次。藤本植物可以配置在群落的最下层做地被，也可配置在群落的最上部做垂直绿化。藤本植物能够利用自己独特的结构，沿着其他植物不能攀附的垂直立面生长、延展，从而实现立体绿化，在公园中应用广泛。

大多数攀缘类藤本是常绿或落叶的木本植物，也有少数为多年生或一年生草本植物，可以快速伸展蔓延，通过覆盖、爬行、攀附其他植物及建筑物或横铺地面进行装饰，既可以形成环境的背景，亦可通过花、叶、形的变化来丰富整个景观的视觉效果。

根据枝条伸展方式与习性，藤本植物一般分为蔓生植物和攀缘植物两大类。

①蔓生植物，没有特别的攀缘器官，也没有自动缠绕攀缘的能力，人们经常会采用某种种植配置方式来发挥它茎细弱、蔓生的习性做垂直绿化造景。公园中常做悬垂布置，如多花蔷薇、叶子花、云实、藤本月季等。

②攀缘植物，根据其藤蔓的攀缘方式不同分为缠绕类、卷须类和吸附类三类。缠绕类植物茎细长，主枝幼时螺旋状缠绕他物向上伸展，尽管没有向上攀附的结构，但能通过幼嫩枝条的主动行为达到向固定方向的延伸。该类植物种类繁多，公园中常见的有铁线莲、金银花、紫藤、牵牛等。卷须类植物依靠其特化的器官卷须攀缘伸展，其延伸的主动性和范围都得到了一定的提高与扩大。吸附类植物是依靠特定的吸附结构，如吸盘或气根系，在物体表面附着或穿透，从而进行攀缘。气生根吸附型如绿萝、龟背竹，此类植物体量较小，但很有特色。

（4）花卉。花卉是园林植物造景的基本素材之一，具有种类繁多、色彩丰富艳丽、生产周期短、布置方便、更换容易、花期易于控制等优点，因此在公园中广泛应用，作为观赏和重点装饰、色彩构图之用，在烘托气氛、基础装饰、分隔屏障、组织交通等方面有着独特的景观效果。

按照其生活习性又可分为陆生花卉和水生花卉两种类型。

①陆生花卉，指其在自然条件下完成全部生长过程。陆生花卉依其生活史可分为三类，即一、二年生花卉，宿根花卉，球根花卉。

②水生花卉，指一种在水里或沼泽里生长的装饰性植物。与其他植物相比，它对水分的需求更大，对水分的依赖性也更大，这也是它的特点。水生花卉娇嫩，株高挺拔，具有独特的风韵，广泛用于河流、湖泊、池塘、湿地的造景，栽植有水生花卉的水体给人以明净、清澈、如诗如画的感受，是公园景观中不可缺少的一部分。水生花卉根据不同的形态和生态习性可分为挺水型花卉、浮叶型花卉、漂浮型花卉和沉水型花卉四类。

（5）草坪与地被植物。草坪是指由具有一定设计、建造结构和使用目的的人工建植的草本植物形成的坪状草地，具有美化和观赏效果，或供休闲、娱乐和体育运动等使用。

草坪草根据其生长习性可分为暖季型和冷季型两种类型。暖季型草坪草又称夏绿型草，其主要特点是早春返青后生长旺盛，进入晚秋遇霜茎叶枯萎，冬季呈休眠状态，最适宜的生长温度为26～32℃，这类草种在我国适合于黄河流域以南的华中、华南、华东、西南广大地区栽培，常用的有狗牙根、地毯草、假俭草等。冷季型草坪草亦称寒地型草，其主要特征是耐寒性强，冬季常绿或仅有短期休眠，不耐夏季炎热高湿，春、秋两季是最适宜的生长季节，适合我国北方地区栽培，尤其是夏季冷凉的地区，部分种类在南方也能栽培。

地被植物是园林中用以覆盖地面的低矮植物。它能很好地将树木、花草、道路、建筑、山体和石头等不同的景观元素连接起来，形成一个有机的整体，并作为这些景观元素的陪衬，从而形成层次丰富、错落有致、富有活力的公园景观。

地被植物同样可以分为草本地被植物和木本地被植物。草本地被植物指草本植物中株形低矮、株丛密集自然、适应性强、可粗放管理的种类，以宿根草本为主，也包括部分球根和能自播繁衍的一、二年生花卉，其中有些蕨类植物也常用作耐阴地被，如玉簪、红花酢浆草、二月兰、半枝莲、铁线莲等；木本地被植物主要有四种类型，即匍匐灌木、低矮灌木、地被竹和木质藤本。匍匐灌木有铺地柏、偃柏、沙地柏；低矮灌木指植株低矮、株丛密集的灌木，如八角金盘、红背桂；地被竹指株秆低矮、叶片密集的灌木竹，有爬竹、阔叶箬竹；木质藤本有小叶扶芳藤、薜荔、络石、中华常春藤等。

2. 树木景观类型

（1）乔木景观。乔木在公园景观中的应用方式多种多样，从郁郁葱葱的林海、优美的树丛，到千姿百态的孤植树，都能形成美丽的风景画面。

①孤植树。在相对开阔的空地上，与其他植被距离较远的树木被称作孤植树。孤零零的一棵树，也称孤景树、远景树、孤赏树或标本树，是公园局部构图的主要景观要素，四周空旷，有较适宜的观赏距离，一般在草坪上或水边等开阔地带的自然中心上。鹅掌楸、无患子、银杏等，若孤植于大草坪上，秋季金黄色的树冠在蓝天和绿草的映衬下将显得极为壮观。孤植树常用于庭院、草坪、假山、水面附近、桥头、园路尽头或转弯处等，广场和建筑旁边也常配置孤植树。

②对植树。将树形优美、体积相近的同一种树木以相互呼应的方式栽种在作品的中轴线两边，叫作对植。对植是指相配的树木在体积、颜色和姿态上的统一，从而表现出一种庄重、肃穆的整齐感。对植多用于房屋和建筑前、广场入口、大门两侧、桥头两侧、石阶两侧等，起衬托主景的作用，或形成配景、夹景，以增强透视的纵深感，如北京植物园木兰园中玉兰的对植和松的对植，采取规则式的设计手法，布局整齐，于东西主轴线上以对植的手法分割空间。此外，在入口两侧栽种两株大小相等的树，对入口及周边景观有较好的导向作用；而在桥的两端栽种相对的植物，可以增加桥的稳定性。

③树列。树木呈带状的行列式种植称为列植，有单列、双列、多列等类型。公园中常见的灌木花径和绿篱从本质上讲也是列植，只是株行距很小。就行道树而言，既可单列种植，也可两种或多种树种混种，西湖苏堤中央大道两侧以无患子、重阳木和三角枫等分段配置，效果很好。树列应用最多的是道路两旁。道路一般都有中轴线，最适宜采取列植的配置方式，通常为单行或双行，选用一种树木，必要时亦可多行，如上海徐家汇公园和世纪公园道路两侧的悬铃木的列植。

④树丛。由2~3株至10~20株同一物种或不同物种的乔木按一定的构成手法，将林冠线紧密相连，构成一个完整的外部等高线的乔木景观，统称为乔木森林。这些树可以作为主要景观，也可以作为辅助景观。

做主景时四周要空旷，宜用针阔叶混植的树丛，具有更大的观赏性和更广阔的通道视野，种植点位于较高的位置，使得树木的主体景观更加突出。乔木布置于开阔的草地中央，观赏性极佳；布置于水畔或湖中的岛屿，可以成为水景的亮点，可以让水面与水显得生机勃勃；公园进门后配置一片树丛，既可观赏，又有障景作用。上海延中绿地就普遍应用丛植的方式，在表现植物群体美的同时，兼顾其他个体美，以高大乔木为主，并配置各种花灌木及四季常绿的草坪，形成高低错落、疏密有序、层次丰富的美丽景观。

⑤树群。树群指成片种植同种或多种树木景观，可以分为单纯树群和混交树群。单纯树群由一种树种构成。混交树群是树群的主要形式，从结构上可分为乔木层、亚乔木层，乔木层所选择的树木，其树冠形态应尤其丰富，使得整组树木的轮廓具有多样性；亚乔木层则应选择花朵鲜艳、叶片色彩艳丽的树木。树群以群落的形式呈现出一种群落的美感，其观赏作用与灌木丛相似，在大型公园中可作为主景，应该布置在有足够距离的开阔场地上，如靠近林缘的大草坪上、宽广的林中空地、水中的小岛上，宽广水面的水滨、小山的山坡、土丘上等，尤其配置于水滨效果更佳。群植是为了模拟自然界中的树群景观，根据环境和功能要求，可多达数十株，但应以一两种乔木树种为主体和基调树种，分布于树群各个部位，以取得和谐统一的整体效果。其他树种不宜过多，一般不超过 10 种，否则会显得零乱和繁杂。

⑥森林。森林是一种大面积、大尺度、成带成林的布局，构成了一片林地，通常情况下，森林主要由乔木构成，包括林带、密林和疏林等。林带一般为狭长带状，多用于路边、河滨、广场周围等。密林一般用于大型公园，郁闭度常在 0.7～1.0。密林又分单纯密林和混交密林，在艺术效果上各有特点，前者简洁壮阔，后者华丽多彩，两者相互衬托，特点更加突出。疏林常用于大型公园的休息区，并与大片草坪相结合，形成疏林草地景观。疏林常由单纯的乔木构成，一般不布置灌木和花卉，但留出小片林间隙地，在景观上具有简洁、淳朴之美。在疏林中的树木应该有很高的观赏性，它的树冠是开放的、树影是稀疏的、花色是鲜艳的，树枝线条曲折多变，树干美观，常绿树与落叶树要搭配适宜，一般以落叶树为多。疏林中的树木种植要三五成群、疏密相间、有断有序、错落有致，务使构图生动活泼。

（2）灌木景观。公园中灌木品种丰富，由于其体型低矮、植株密实，因此常作绿篱和基础绿化，且效果较好。同时与草本花卉搭配还能进一步丰富花境的景观层次感。灌木品种繁多，可以利用其多样性建立专类园，充分展示灌木的美。

①绿篱。很多灌木种类具有萌芽力强、发枝力强、耐修剪等特性，非常适合

作为绿篱，按其观赏特性可分为绿篱、彩叶篱、花篱、果篱、枝篱、刺篱等。绿篱常见的种类有小叶黄杨、大叶黄杨等；彩叶篱如紫叶矮樱、紫叶小檗、金叶女贞等；花篱有扶桑、栀子花、六月雪等灌木；果篱如火棘等，均具有非常高的观赏价值。

②基础绿化。低矮的灌木可以作为园林装饰和雕塑底座的基础，它不仅可以阻挡墙体底座的硬质建筑材料，还可以装饰建筑和雕塑。此外，小叶黄杨、大叶黄杨、小叶女贞等枝叶细腻、绿色期长，通过修剪能控制植株高度，起到很好地保护和装饰作用。

③点缀花境、花坛或花带。灌木以其丰富多彩的花、叶、果、茎干等观赏特点，以及随季节变化的规律，布置在花境、花带、花坛中，能丰富景观层次，成为视觉焦点或背景，如上海世纪公园灌木对花带的点缀。

（3）藤本植物景观。藤本植物在公园中应用范围广泛，可作亭台、曲廊、叠石、棚架等构筑物的垂直绿化，在建筑立面、植物表面装饰，丰富群落层次等方面也可运用，有时还可以作地被植物使用。

①附壁景观。附壁景观主要通过吸附类藤本植物特殊的附着结构，在建筑物、挡土墙、假山表面等垂直立面进行绿化造景，是常见的假山绿化造景方式。垂直立面绿化常有良好的造景效果，无论从整体还是局部观赏，都能有绿瀑效果。

②篱垣景观。此类景观一般高度有限，选材范围广，景观两面均可观赏。被绿化的主体具有支撑功能，如围栏、钢丝网、低矮围墙、栅栏、篱笆等。

③棚架景观。棚架式造景具有观赏、休闲和分割空间三重功能，具有观赏性和实用性，是公园中最常见的藤蔓造景方式，采用各种刚性材料构成具有一定结构和形状的供藤蔓植物攀爬的公园建筑。棚架藤本植物主要选择卷须类和缠绕类，也可适当应用蔓生类，常见的有紫藤、葡萄、猕猴桃、长春油麻藤、木通等。

④假山置石绿化景观。假山和置石已成为公园造景中不可缺少的景观元素，用藤本植物来装饰则更显刚柔并济、相互映衬。有石有山必有藤，藤本植物在此类造景中应用非常广泛，主要是悬垂的蔓生类和吸附类，同时要考虑假山置石的色彩和纹理以及栽植的数量，达到和谐自然的效果，常见的植物有金银花、蔓长春花、爬山虎、络石和凌霄等。

⑤立柱景观。这类藤本植物绿化造景比较特殊，常用于大型廊架的柱状支架

或建筑物的立柱、某些高大的孤植树或群植树林，以及某些需要遮挡的柱形物，能产生自然和谐的效果，常用吸附类和缠绕类植物，如爬山虎、薜荔等。

⑥地被景观。许多藤本植物横向生长也十分迅速，能快速覆盖地面并形成良好的地被景观。如蔓长春花、络石、扶芳藤、常春藤等。

（4）花卉景观。花木在园林绿化中的应用，能增加园林绿化的层次感、丰富园林色彩、优化园林生态环境、赋予园林绿化创意等。在遵循科学原则的前提下，运用一定的艺术手段，利用其变化的色彩、姿态、高低错落的节奏，与乔木、灌木、地被、草坪形成一个整体的生态系统。随着大量的花卉应用形态从国外被引入，现在在公园里可以看到各种各样的花坛、花境、花台、花池等。

①花坛。花坛是按照设计意图，在有一定几何轮廓的植床内，以园林花草为主要材料布置而成的，具有艳丽色彩或图案纹样的植物景观。花坛主要体现了花群的色彩美，以及由花群组成的美人图案，它可以装饰周围环境，增添节日气氛，还具有标志宣传和交通管理等功能。根据形状、组合以及观赏特性不同，花坛可分为多种类型，在景观空间构图中可用作主景、配景或对景。从植物景观角度，一般按照花坛坛面花纹图案分类，分为盛花花坛、模纹花坛、造型花坛、造景花坛等。

②花境。花境指的是一种以宿根和球根花卉为主要成分，与一、二年生草花和花灌木相结合，沿着花园的边缘或路缘布置而成的一种园林植物景观，亦可点缀山石、器物等。花境外形轮廓多较规整，通常沿着某一方向做直线或曲线演进，而其内部花卉的配置成丛或成片。花境主要有单面观赏花境、双面观赏花境和对应式花境三类。单面观赏花境是一种传统的花境形式，它一般都在道路附近，经常以建筑物、矮墙、树丛、绿篱等作为背景，在它的前方是低矮的边缘植物，总体来说，它前低后高，可以让人在旁边欣赏到它。无背景的两面型观赏性花境多设于草地、树林和马路中间。植物种植是中间高两侧低，两面都能看到。在园路的两边、草坪的中间，或在建筑的四周分别布置两个相应的花境，这两个花境呈左右二列式，在设计上应从整体来看，更多地运用了伪对称的技巧，使其具有节奏性与变化性。

③花台。在高于地面的空心台座（一般高 40～100 cm）中填土或人工基质并栽植观赏植物，称为花台。花台面积较小，适合近距离观赏，有独立花台、连续花台、组合花台等类型，以植物的形体、花色、芳香及花台造型等综合美为观赏

要素，如上海人民公园花台。花台的形状多样，多为规则式的几何形体，如正方形、长方形、圆形、多边形，也有自然形体的。常用的植物材料有一叶兰、玉簪、芍药、三色堇、菊花、石竹等。

④花池。花池是以山、石、砖、瓦、原木或其他材料直接在地面上围成具有一定外形轮廓的种植地块，主要布置园林花草的造景类型。花池与花台、花坛、花境相比，特点是植床略低于周围地面或与周围地面相平。花池一般面积不大，多用于建筑物前、道路边、草坪上等。植物选择除草花及观叶草本植物外，自然花池中也可点缀传统观赏花木和湖石等景石小品。常用植物材料有南天竹、沿阶草、葱莲、芍药等。

公园中水生花卉也多以花丛、花带的方式应用等。

（5）草坪与地被植物景观。草坪是公园中常见的植物景观，不仅可以单独成景，还可以与花卉搭配形成缀花草地，与树木搭配形成疏林草地，在河、湖、溪、涧等处坡地用作护坡草地等。

①草花组合。草皮是一种植物，是花坛的填充物，也是花坛的边沿，既可起到装饰性的作用，又可起到衬托植物的造型与颜色的作用。通常采用的是细叶、低矮的草坪植物，在管理上需要进行细致的工作，严格控制杂草生长，并要经常修剪和切边处理，以保持花坛的图案和花纹线条平整清晰。

②疏林草坪。在稀疏的林草中，上层的树木通常是稀疏的乔木，树冠密度为0.4～0.6，下层的草本植物是提高景观水平的主体。"稀疏森林和草原"模式采用基于树木的方法，对花草进行装饰；优先考虑树木和补充灌木的原则。它适合在科学有限的绿化区域内种植树木、灌木、草和藤蔓，不仅增加了绿化量和生态优势，还为人们提供了一个休闲的开放空间。它将传统的植物管理风格与现代的草地相结合，形成了一个完整的景观。

六、山水、岩石与天文气象景观

（一）山水景观

1. 山体景观

中国的名山很多，每一座都有自己的特点，构成雄、奇、险、秀、幽、奥、旷等形象特征。在公园中，不同的山体形态呈现出不同的景观效果。

山体景观根据地势形态划分为山丘、低地、洞穴、穴地、岭、山脊等类型。山丘，有360°全方位景观，外向型，顶部有控制性，适宜设标志物；低地、洞穴、穴地，360°全封闭，内向型，有保护感、隔离感，属于静态、隐蔽的空间；岭、山脊，有多种景观，景观面丰富，空间为外向型；谷地，有较多景观，景观面很窄，是一种内向的空间，它的蜿蜒有一种神秘感和期待感，在山谷中垂直方向上，适宜设置焦点、坡地，属单面外向空间，景观单调，变化少，空间难组织，需分段用人工组织空间，使景观富于变化；平地，属外向型空间，具有广阔的视野和多样化的组织空间，容易将水面组织起来，使得空间呈现出一种虚实的变化，但是由于景观的单一性，需要创建一个有垂直特色的标识作为中心。

张家界国家森林公园集神奇、钟秀、雄浑、原始、清新于一体，以岩称奇。园内连绵重叠着数以千计的石峰，奇峰陡峭嵯峨、千姿百态，或孤峰独秀，或群峰相依，造型完美，形神兼备。

2. 水域景观

水是大地山川的血液，是万物生长的必要条件，人与水之间有一种与生俱来的亲和力。在城市园林中，水景是一种非常重要的景观要素，是城市园林景观中不可缺少的组成部分。公园中的水景类型丰富，一般包括泉水、湖池、瀑布、溪涧、滨海、岛屿等形式。

（1）泉水。泉是地下水的天然露头，或依山，或傍谷，或出穴，或临河，被赋予了神奇的观赏价值。由于泉水喷吐跳跃，吸引了人们的视线，可作为景点的主题，再配合合适的植物加以烘托、陪衬，效果更佳。泉水的地质成因很多，根据成因可分为侵蚀泉、接触泉、断层泉、溢流泉、裂隙泉、溶洞泉。由于沟壑冲刷到地下蓄水层而引起的喷泉称为冲刷泉；由于地下水和隔水层之间的界面破裂，喷发出来的泉水称为接触泉；由于地质断层的阻隔，地下含水层从断层面上涌出，称为断层泉；在地下水流过程中，由于与相邻的隔水层发生碰撞，迫使其上升至地面，称为溢流泉（如济南趵突泉）；泉水从岩石的裂缝中冒出来，就是所谓的裂缝泉水（如杭州的虎跑泉）；可溶性岩石地区的溶洞水沿洞穴涌出地表的叫溶洞泉。不同成因的泉水表现为不同的形式。

（2）湖池。湖如一串珍珠镶嵌在水系风景的项链上，又如一颗珍珠散落在大地上，以广阔的水面为人们带来了悠然和宁静。在公园中，湖是常见的水体景观，一般水面辽阔、视野宽广，多较宁静，如南京玄武湖、济南大明湖、北京玉渊潭公园八一湖等。

而中国古代的园林，想要达到近在咫尺的森林的效果，想要以小见大，大多是模仿自然，开辟池塘，引水入园，使其成为院落的构成中心，也是山水花园的一种元素，深受游客的欢迎。

（3）瀑布。瀑布为河床纵断面上断悬处倾泻下来的水流。瀑布展现给人的是一种动水景观之美，融形、色、声之美为一体，表现出独一无二的特质。不同的地形地貌形成了不同的自然景观，形成了雄伟、秀美的瀑布。雄伟的瀑布宛如决堤的洪水，让人感受到了一种雄浑的美感；秀美的瀑布水流轻柔、姿态优雅，给人一种朦胧而又柔美的感觉。丰富的自然瀑布景观是人们造园的蓝本，它以其飞舞的坠姿、非凡的气势，给人们带来了"疑是银河落九天"的抒怀和享受，如云南昆明瀑布公园瀑布和苏州狮子林瀑布。壶口瀑布国家地质公园内的瀑布景观，是黄河中游流经晋陕大峡谷时形成的一个天然瀑布。还有镜泊湖瀑布，为中国最大的火山瀑布。

（4）溪涧。溪流是由山中喷涌而出的瀑布形成的一种动态的水景观。溪水要多绕几个弯，才能使水流变得更流畅，更显出它的悠长和无穷无尽。公园中的溪涧底部一般都铺着卵石，河水比较浅，可以让人在里面游泳，也可以让人涉水，如浙江莫干山国家森林公园中干将莫邪铸剑处的溪涧景观、浙江杭州九溪十八涧。

（5）滨海。我国东部和南部海域是重要的旅游观光胜地。这里有多种多样的海岸地貌景观：海蚀崖、海蚀柱、海蚀平台、海蚀潮沟、潮汐通道，有各种地质海滩以及生物性海岸（如红树林）等。蔚蓝的大海、绿色的树木、黄色的沙子、白色的墙壁、红色的屋顶，蔚为壮观。有海市蜃楼幻景，有浪卷沙鸥风景，有海蚀石景奇观，还有海鲜美食，在这个基础上建造的滨海公园也形成了优美的景观，如深圳大梅沙海滨公园和山东威海海滨公园。

我国滨海地区的自然地质特征大致可分为基岩、砂质和生物性海岸三种类型。基岩沿岸以花岗岩为主，部分地区亦有石灰岩，景观价值很高；砂质海岸大多是河床冲淤形成的，属于滩涂，大多没有景观价值；生态性海岸如红树林海岸、珊瑚礁海岸，具有一定的旅游价值。人们在城市园林中模仿和复制了许多天然的海岸风景，如山石驳岸、卵石沙滩、树木和草木护岸，或者是在海岸边点缀着一些雕塑和建筑物。

（6）岛屿。小岛在水中很普遍。在中国古代一直流传着东海仙岛与仙丹的传说，这使得许多帝王去西天寻仙，并在中国古代园林中形成了"一池三山"（"三山"指蓬莱、方丈、瀛洲）的传统格局。岛在园林中可以划分水面空间，增加景观层次。岛在水中，是欣赏四周风景的眺望点，又是被四周眺望的景点。此外，岛屿还能增加园林活动的内容，活跃气氛。岛屿造型各异，可分为以下几个类型。

①山岛：山岛有以土为主的土山岛和以石为主的石山岛两种。土山岛因土壤的稳坡度有限制，需要和缓起升，所以土山的高度受宽度的限制，但山上可以广为种植，美化环境。石山岛有悬崖峭壁，由人工掇成，一般以小巧险峻为宜。

②平岛：由洲渚系天然沉积物堆积而成的斜坡平岛，地势平坦。花园中的人造平岛也是借鉴了洲渚的风格，海岸线光滑弯曲，却又不重叠，缓缓地延伸到水面上，给人一种水陆相通的感觉。建筑常临水设置，体现了水景的亲和力。在平岛上栽种耐湿性和喜水性的树木，在水边可以布置如芦苇等水草，可供鸟类栖息，增添生机勃勃的自然景观。

③半岛：半岛有一面连接陆地，三面临水，还可以形成石矶，矶顶、矶下应有部分平地，以便有人停留眺望。

④岛群：成群布置得分散的岛或紧靠一起的池岛，中央是一片水域。举例来说，杭州西湖三潭印月，从远处看是西湖中最大的岛屿，而岛上又有无数岛屿相连，构成了一片湖心岛，内外景色迥异。

⑤礁：散落在水面上的石头，或用精致奇特的石头做成小石岛供人观赏，特别是在小型的塑成的池塘里，往往用小石岛来装点或者用石头做水的屏障。

在水中设置岛礁，切忌居中、塑形，一般隐于水面的一边，以求给水面一种大面积的整体之感。岛的形状切忌雷同。岛的大小与水面大小比例适当。

因为传统的岛屿往往充满了神秘的气息，所以很多现代的公园都会在水面上建土石为岛，或者种下树木，或者点亭，或者建于岛上，有天然的，也有人造的，如哈尔滨的太阳岛、烟台的养马岛、威海的刘公岛、厦门的鼓浪屿、台湾的兰屿、东山岛、三潭印月等。

（二）岩石景观

1. 岩崖

岩崖是由地壳升降、断裂风化面形成的悬崖危岩。桂林象山公园的象鼻山象眼岩，其山形酷似一头驻足漓江边临流饮水的大象，栩栩如生，引人入胜，被人们美誉为桂林市的城徽。此外，还有江西三清山的石景、张家界国家森林公园岩崖景观等。

2. 火山岩地貌

火山岩地貌包括火山口、火山锥、火山岩等，它们都是由火山活动产生的。如黑龙江的五大连池是一个火山堰塞湖，长白山的天池也是一个火山湖泊，以及浙江雁荡山的火山岩景观等。

3. 古化石及地质景观

古生物化石是地球上最早的生物历史见证，是解开地球上生命之谜的关键，也是人们对地质资源进行开采和利用的重要依据。古生物化石的出土与外露是非常有价值的研究资源。比方说，四川自贡著名的恐龙化石、加拿大艾伯塔省立恐龙公园等；20亿年前，由藻生长而成的叠石，就是色彩斑斓的大理石岩基；人们在山东莱芜发现了一批三叶虫化石，并对其进行了开发，形成了一道美丽的风景线。山东临朐山旺化石中，有1200万年前的各种生物化石，至今仍保存完好，被誉为"万卷书"。

这些岩层和洞穴也是研究古代人类进化历史的重要场所，在北京的周口店也发现过古猿化石，著名的银杏和水杉则是活化石，是科学研究的宝贵资料。

（三）天文气象景观

由天文和气象现象形成的自然景象和光影就是天文气象景观中的一种。但是大多是固定不变、定时不变地出现在空中，人们通过视觉经验来获取美的感觉。

1. 日出、晚霞、月影

旭日的升起代表着紫气东来，代表着万物的苏醒，代表着生命的活力和进步的动力。观日出，不仅能开阔视野、涤荡胸襟、振奋激情，而且能使人和大自然的关系更加密切。高山日出，那一轮红日从云霭雾岚中喷薄而出，峰云相间，霞光万丈，气象万千；海边日出，一轮红日从海平线上冉冉升起，水天一色，金光万道，光彩夺目。多少流芳百世的诗人在观赏日出之后，咏唱了他们的真感情。北宋诗人苏东坡咏道："秋风兴作烟云意，晓日令涵草木姿。"南宋诗人范成大在诗中这样写道："云物为人布世界，日轮同我行虚空。"现代诗人赵朴初诗："天著霞衣迎日出，峰腾云海作舟浮。"

与观日出一样，看晚霞也要选择地势高旷、视野开阔且正好朝西的位置。这样登高远眺，晚霞美景方能尽收眼底。晚霞呈现出霞光夕照的景象，万紫千红，光彩夺目，令人陶醉。

"白日依山尽""长河落日圆"之后便转移到了以月为主题的画面。月与水的组合，其深远的审美意境也能引起人们的无限遐想。如桂林象鼻山的"象山水月"，山体前部的水月洞，宛如满月，穿透山体，清碧的江水从洞中穿鼻而过，洞影倒映江面，构成"水底有明月，水上明月浮"的奇观，"象山水月"因此成为桂林山水一绝。

2. 云海、雾凇

乘雾登山，俯瞰云海，仿若腾云驾雾，飘飘欲仙。云海，就是在特定的环境下云顶比山峰更低的地方，从一座山峰上往下看，是一片无边无际的云，就像是一片汪洋大海，波涛汹涌，拍打着海岸。因此，人们把这种现象称为"云海"。随着太阳升起、太阳下山，形成了一片五颜六色的云海，被称作"彩色云海"，十分壮观。

3. 雨景、雪景、霜景

雨景也是人们喜爱观赏的自然景色，杜甫的《春夜喜雨》写道："好雨知时节，当春乃发生。随风潜入夜，润物细无声。野径云俱黑，江船火独明。晓看红湿处，花重锦官城。"下雨时的景色和雨后的景色都跃然纸上。川东的"巴山夜雨"、蓬莱的"露天银雨"、济南"鹊华烟雨"等都是有名的雨景。

"江南烟雨""潇湘夜雨"历来备受文人的称道。烟雨俗称毛毛雨，多产生细雨霏霏、烟雾缭绕的景象，山水、植被、古建筑等笼罩在烟雨中，别有一番情趣。

而在特定的地理环境和人们的特定心境下，观赏和品味降雨的过程也有无穷韵味。

冰雪奇景发生于寒冷季节或高寒气候区。这些景观造型生动、婀娜多姿。特别是当冰雪与绿树交相辉映时，景致更为诱人。如太白山国家森林公园的雪景："深秋时节登太白，满目染彩惹人醉。群山巍巍插云霄，秋风吟雪傲冬寒。"这是广为流传的一首诗，也是太白山深秋时节宜人景色的生动写实。再如雪后的北海公园，银装素裹，分外妖娆。

"晓来谁染霜林醉"是诗人称颂霜的美。花草树木结上霜花，一种清丽高洁的形象会油然而生。如北京植物园内的霜后枫林景观，经霜后的枫林，一片深红，令人陶醉。

七、景观铺装

景观铺装作为人类生存环境中建筑物和其他景观要素的镶嵌底板，可以说应用广泛，从城市景观到旅游景区，凡是有人活动的地方就有景观铺装。从城市广场到街道小巷，从居住小区到私家宅院，景观铺装无处不在。这里主要从广场、园林、居住区、商业步行街、道路以及停车场的铺装来探讨景观铺装在不同景观环境中的应用。

在现代城市里，风景园林和公园是人们放松身心、亲近大自然的绝好地方，是高楼大厦的现代化大都市里的一片绿洲，在维护环境的生态平衡方面，有着无可取代的作用。园林自古就有，但它却是后来才产生的，在最早的时候，它还只是一个供统治阶层消遣的游乐场所，而现在它却是一个对大众开放的地方。不管是哪一种，都是一个很好的消遣之地。

（一）园林的铺装

在园林风景区的路面设计中，要与周边的环境和谐一致，要与景区的整体面貌相一致，要尽可能地减少人类活动痕迹的暴露，以维持景区的自然生态的可持续发展。路面的材质必须要有足够的强度和耐久性，能够经受住人的行走和风霜雨雪的侵蚀。此外，材料要易于清扫，不起尘土。相对而言，可选择的品种较多，板状或块状的石材、卵石、碎石、混凝土板材或砌块、仿石材、仿木材、彩色沥青路面等都是很好的材料，有利于营造出不同的空间环境氛围。

园林铺地是对各类园林道路进行铺设，包括主路、支路、小路、园务路等。清朝著名的文人钱泳（钱梅溪）在其《履园丛话》中，对中国古代天然生态园林中的道路布置作了如下论述："造园如作诗文，必使曲折有法，前后呼应，最忌堆砌，最忌错杂，方称佳构。"可以看出，一条路的弯弯绕绕表达的是一种深刻的意境，是一种以小见大的壶中天地。"山重水复疑无路，柳暗花明又一村"也是游园之乐。园路可以根据人流量和地理情况，自由变换成较为开阔的场地，或者是步石、石阶、踏道、堤岸等。在中国的古代园林中，往往会有一些古老的建筑作为装饰，因此在对园路进行铺设时，必须要与建筑环境的气氛相配合，这样才能产生出一种或简单自然，或生动活泼，或粗糙朴实的意境。而在纹饰的组成上，则可选用中国传统的纹饰，使之既有强烈的节奏感，又富于文化意蕴。在此基础上，还可以对传统的园林风格加以借鉴，并将铺装和周围的环境有机地结合起来，以达到人们亲近自然、享受自然的目的。

（二）公园的铺装

在现代城市中，公园跟花园有很大的不同，它的面积有大有小，在城市中的分布也比较广泛，它是市民经常接触到的，也比较喜欢的休闲场所。园林绿地的铺设要符合园林的主题，即以游憩为主的园林绿地，强调其广泛性，以满足绝大多数人的生理、心理和审美需要；游乐场要突出欢乐、热情，展示趣味性；纪念性的公园有的庄严肃穆，有的宁静祥和。

第二节　非物质文化景观

一、节假庆典

我国有很多民族，不同地区、不同民族的人们有着各种各样的生活习俗和传统节日。如农历的三月初三是壮族、畲族举行歌会的日子；农历五月初五的端午节是流行于中国以及汉字文化圈诸国的传统文化节日，有赛龙舟等习俗。在具有"中国龙舟名城"之称的浙江温州，每年都会在会昌湖水上公园举办龙舟文化节及赛龙舟活动。位于北京市东城区的龙潭公园也多次举办"赛龙舟，品文化——北京龙潭端午文化节活动"，包括赛龙舟、讲民俗、放河灯等活动，搭建了一个展示中华传统优秀文化、全民参与的良好平台。

二、民族民俗

民俗作为一种无形文化资源，在民间根深蒂固、源远流长。其在漫长的历史长河中产生了无数文化符号，成为不竭的民俗资源。生活习俗有闹元宵、龙灯会、中秋月饼、腊八粥等，还有各民族不同的婚娶礼仪。丰富多彩的民族服装集中而生动地体现了本地区的文化特色了对旅游者具有极大的吸引力，如黎族短裙、傣族长裙、布朗族黑裙、藏族围裙等。另外，我国各少数民族在特色民居、喜食食品等方面也各有特色。

民俗表演在中原大地广为流传，喜庆场合、节庆假日没有民俗表演就像宴会没有酒喝一样乏味。坐落于河南开封的清明上河园是一座大型宋代文化实景主题公园，是中国非物质文化遗产展演基地，以宋朝市井文化、民俗风情、皇家园林和古代娱乐为题材，集中再现了宋代民俗风情游乐园以及古都汴京千年繁华的盛景。踩高跷是汉族传统民俗活动之一，俗称缚柴脚，亦称"高跷""踏高跷""扎高脚""走高腿"，是民间盛行的一种群众性技艺。耍猴又名猴戏、猴子戏，流行于全国各地，操此业者以猴为戏，颇受过路行人喜爱。变脸是运用川剧艺术中塑造人物的一种特技揭示剧中人物内心思想感情的一种浪漫主义手法。

舞龙俗称玩龙灯，是一种中华民族传统民俗文化活动，舞龙时，龙跟着绣球做各种动作，如扭、挥、仰、跪、跳、摇。舞狮是我国优秀的民间艺术，每逢佳节或集会庆典，民间都以舞狮来助兴，舞狮有南北之分，南方以广东的舞狮表演最为有名。闹元宵，旧习元宵之夜，城里乡间到处张灯结彩，观花灯、猜灯谜，盛况空前。

龙灯会是我国南方地区最具特色的传统民俗艺术文化活动，人们通过迎灯以示驱邪除瘟、去灾祈福，求五谷丰登、人畜平安，寄托着中国劳动人民对美满生活的向往和朴素的审美情趣。越秀公园是广州最大的综合性公园，一年一度的龙灯会成为春节期间的重要文化活动。

三、民间艺术

民间艺术是中华文化的瑰宝，它们以天然材料为主，就地取材，用传统的手工方法进行制作，具有浓厚的地方色彩和民族色彩，与民俗活动密切结合，与生活密切相关。按照制作技艺的不同，可以将民间艺术分为染织绣类、塑作类、剪刻类、雕镂类、民间玩具、绘画类、编织类、扎糊类等。在河南开封的清明上河园中就展现出了大量的民间艺术。

第三章　城市公园的植物造景艺术

本章主要介绍城市公园的植物造景艺术，主要从四个方面进行了阐述，分别是植物造景概述、植物造景的内容、植物造景的施工技术与养护技术、古树名木的养护管理。

第一节　植物造景概述

一、城市公园植物造景类型

植物造景是通过单个植物或一群植物组合成特定造型从而产生美的景观，把本来就有的自然植被进行修饰整理以及设计新的造型，这在街道以及公园里很常见，或者是把多个植物重新组合和加工，园林设计师会根据相关植物特性来进行重新设计。植物造景的对象是植物，它是一种艺术创作，在现代社会中是城市生态系统的重要组成部分。

植物造景是将原有植物进行重新设计，形成新的景观以达到造景的目的的活动。造景植物包括具有欣赏价值的园林树木、花卉和草坪。园林树木是由落叶乔木、灌木，常绿乔木、灌木以及常绿和落叶的藤本植物、竹类等植物组成；花卉有一年生、多年生、球根、宿根、水生等多个品种；草坪包括暖季型和冷季型。

根据公园的特性和计划需要，公园的植物造景分为三大类，即规则式、自然式和混合式。

（一）规则式植物造景

规则式植物造景的造型大都是几何式，它的标志性特征是中轴线，景物都具有对称性或类似对称性，整个园地的形状也是几何形式。如果植物是树木的话，这些树木会以等距离行列式、对称式等形式种植排列。如果对树木进行修剪设计，一般会修剪成绿篱、绿墙等规则样式。对于花卉的修剪设计，大部分会修剪成图案式模纹花坛和连续花坛群。规则式植物造景形式体现一种整齐、壮观、开朗、庄严的气氛，多用于纪念性园林、皇家园林，如烈士公园、陵园、法国凡尔赛宫等。

（二）自然式植物造景

自然式植物造景的景观样式大部分是不规则的风景园林形式，在进行植物搭配组合的时候要注意把植物群落的高低错落的自然之美表现出来，在种树木的时候，不要刻意把树木种成一排一排的，或者是一列一列的，树与树的距离也要不一致，这样不会呆板严谨，树的形式大多是孤植、丛植、群植、林植等。自然式植物造景多体现自然、流畅、轻松、活泼的气氛，多用于休闲性公园，如综合性公园、儿童公园、植物园等。

（三）混合式植物造景

混合式植物造景是把规则式即人工设计过的景观和自然式的植物造景组合在一起，二者穿插排列，规则式的景观占据小部分，自然式植物景观占据大部分，这种植物造景形式没有特定的规则，样式灵活多变，园林景观的内容是精彩纷呈的，混合式植物造景是公园植物造景常见的表现形式之一。如北京颐和园的仁寿殿为严整的规则式，其余则为自然山水园的形式，总体是混合式植物造景

二、城市公园植物造景规划

公园的植物造景规划就是公园植物设置计划，它在公园总体规划中占据着重要地位，此规划可以让公园有着优美清新的景观，还可以把公园打造成人们游玩和短暂休息的场所。公园的植物设置计划应当遵循下列原则。

（一）服从功能要求

公园的植物配置要服从公园的功能要求，不同类型的公园，如规则式造园、自然式造园、混合式造园都有不同的植物配置方法，用以表现不同的景观效果。即使在同一座公园内也因分区不同而配置不同的植物，如公园出入口区，包括园

门、前后广场为规则形的，植物配置也要随之按规则式栽植，这样既整齐、开阔，又便于人流集散。儿童活动区的植物配置除高大树木遮阴外，活动场地内宜多用整形树林、开花树木和多种花卉，其地面除了道路、广场外，要用草坪全面覆盖起来，创造一种轻松、活泼又多彩的童趣环境。

（二）突出地域特点

由于每个公园所处的地域不同，因而配置的植物品种、特点也有所不同。只有注重利用当地的植物品种，才能反映出一个公园的特色，如沈阳的北陵公园，是一座具有300多年历史的清朝第二代皇帝皇太极的陵园。园内分布有4 000余棵参天古木，这一古树景观成了陵园的特色。杭州的柳浪闻莺公园为突出"柳浪"的特点，在闻莺馆及其四周以柳树环绕，以表现随风飘拂、柔条如浪的效果。海南海口市公园则以郁郁葱葱的椰林表现其热带风光，因而也突出了地域特点

（三）重于艺术创造

公园的植物配置要按照功能分区，不同空间形成丰富多彩的园林景观，供游人观赏、游憩。用植物创造优美的园林景观就要充分发挥植物的观赏特性和进行具有画意的配置，如利用树木的姿态、枝、干、叶、花，可以配置成孤植、丛植、列植等多种形式，成为公园中的树木景观。还可以以树木的四季变化来显示四季景观，即春季花朵争相开放、夏季树木郁郁葱葱、秋季枫林尽染、冬季草木萧疏的四季风采。至于利用花卉组合成多种图案的花坛、花镜，游人徜徉其中更有如诗如画的情趣。在一座公园内，树种的选择要以1个或2个树种作为基调树种，使其在数量上和分布上都占有优势。不同的功能分区也要有适合的树种，以形成不同景区的不同特色。至于常绿树和落叶树所占的比例关系，一般南方城市公园的常绿树所占比例要高，约为60%以上，北方城市公园的常绿树所占比例略低些，可为30%～40%。

（四）适应生态习性

在公园的造景植物中，有陆生、岩生、水生、沼生等不同类型。在陆生植物中又分为喜光、耐阴、喜水湿、耐瘠薄、喜酸性土、耐盐碱、抗污染等种类；岩生植物有抗旱类和喜阴湿类；水生、沼生植物中又分为浅水类、挺水类、沉水类、

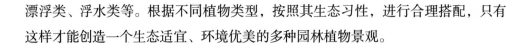

漂浮类、浮水类等。根据不同植物类型，按照其生态习性，进行合理搭配，只有这样才能创造一个生态适宜、环境优美的多种园林植物景观。

三、城市公园植物造景作用

（一）生态效益

城市的公园是一片大大的"草坪"，它们大部分绿地面积大、占地多、种植的树木繁多，并且具备完善的公共设施。公园的绿地面积占 70% 左右，所以说一座公园就是城市里的一片森林。因此公园中的树木、花卉和草坪都在很大程度上积极影响着城市的生态环境。公园最重要的作用之一就是净化空气。植物的叶片可以进行光合作用，把光能转变成化学能，在这个过程中吸收二氧化碳，进而释放出氧气，氧气多了空气质量自然会提升。据北京市园林科研所科研成果显示，建成区内平均每公顷绿地日平均吸收二氧化碳 1.767 t，释放氧气 1.23 t，其中 1 棵落叶乔木每日吸收二氧化碳 2.91 kg，释放氧气 1.99 kg。检测结果显示，许多园林植物的叶片具有吸收二氧化硫的能力，松林每天可从 1 m³ 空气中吸收 20 mg 二氧化硫；1 公顷柳杉每天能吸收 60 kg 二氧化硫。园林植物的叶片还有阻滞粉尘的作用。

公园里的植物还能使空气的温度和湿度保持在适合人类生存的状态，在盛夏时节，裸地的气温比公园中乔灌草的绿地气温高出 4.8℃，湿度比公园绿化的地区低了 27%。除此之外，树木花草还有净化作用，它们能把土壤里的有害物质吸收掉，进而起到消灭有害细菌的作用。在公园的水体中栽植凤眼莲、荷花、睡莲、菖蒲等水生植物，能吸收水中的有毒物质和细菌，使水质洁净澄清，有益于环境卫生。所以，园林植物特别是树木是构成现代人类良好生活环境不可缺少的部分。

（二）风景效益

公园里包含了大片绿地，它是城市绿地中的重要组成部分，由于公园的植物配置和建筑设施有着很高的艺术性，所以公园的面貌将直接关系到城市的景观价值和形象特征。如武汉的黄鹤楼公园中的黄鹤楼建筑，就是武汉市的象征性城标。广州越秀公园中的"五羊石雕"，也成为"羊城"广州的标志。同样，国外的一些花园城市如新加坡、堪培拉、华沙等也都是因为城市中的绿地率高，园林风光优美，特别是公园分布均匀、艺术水平高而享誉世界，成为人们争相游览的园林名城。

公园的均匀分布，在一个城市中就像镶嵌的绿宝石。城市中的高楼大厦、公路、桥梁等坚硬物质构成了现代化城市景观，这些景观使得人们感觉大自然很遥远，枯燥的城市景观不利于缓解人们的精神压力。此时城市中大片优美的绿地，特别是大面积的公园绿地，有绿色茂密的丛林、柔曲的树冠天际线、开阔平坦的大草坪，和坚硬冰冷的高楼、道路、桥梁在一起形成了高低错落、柔硬兼施、色彩协调的优美效果。经过公园绿地装饰的城市街景，建筑群体有了自然生机的感觉，使城市不再坚硬冰冷，而是充满了人文关怀和情感色彩，因为大自然是有温度的，能够丰富城市景观，使人们在休息之余有了更多游玩的选择。当然，公园中的树木花草随着季节、生命周期的不断改变而发生的色彩、姿态、线条、质地的变化，更成了为城市增光添彩的动态风景，增加了城市的美感和魅力。

公园绿地中有时候会有一些"奇异"的树木，这些树木形状并不独特，独特的是年代背景，它们的年龄已经上百了，是一些古树名木，它们是公园的绿色瑰宝，是公园历史的见证者，也是一座城市悠久历史的见证者。所以，城市公园中的名木古树不但构成园林景观，也是城市中具有历史和文化价值的景观，如沈阳北陵公园（昭陵）、东陵公园（福陵）的300年以上树龄的油松，已于1985年被选为市树，成为沈阳城市的标志树、景观树，是沈阳这一文明古城的活文物。

公园的植物造景是构成城市景观的重要部分，其景观效益是其他种类不可替代的。

（三）防护效益

公园里的树木有着很大的环保作用，具体来说有六点：一是防风滞尘，二是涵养水源，三是保持水土，四是降低噪声，五是减少污染，六是保护人体免受放射性危害。根据测评结果来看，一个有9m高的复杂性树林，如果有一场大风出现，那么在它的迎风面90m之内、背风面270m之内，风速都会有削减的效果，根据距离的增加效果会相应地减少。树木的滞尘作用更为明显，如悬铃木、刺槐林可使粉尘减少23%～52%，使空中的飘尘减少37%～60%。绿地的上空大气含尘量通常较裸地或街道少1/3～1/2。树木的枝叶能够截流降水，据测截流量为降水量的 15%～40%。其中枝叶稠密、叶面粗糙的树种如云杉、水杉、圆柏、柳等，截流量大。树冠和地被植物在降雨的时候会拦截雨水阻断其四处流动，树根对土壤有着加固作用，所以在雨水来临的时候，固定的土壤会吸收雨水，减少和降低了地面的雨水量和雨水流速，有着涵养水源、保持水土的益处。城市环境中有着很多噪声，当噪声超过 70dB 时，会对人体有消极影响。种植乔灌木可以有效减少噪音污染。如 30m 宽的树林可降低噪音 8～10dB，4m 宽的枝叶浓密的绿篱坪可降低噪音 6dB，人们在树木茂密的公园中休息比较安静舒适。树木可以净化、吸纳和阻挡放射性的有害物质，减小光辐射的传播程度和对人体的伤害。公园除了上述防护作用外，在地震和火灾等自然灾害发生时，人们可以迅速跑到公园里来，这样可以有效地阻挡自然灾害的伤害，是防灾避难的最优场所。所以分布在城市里的公园绿地，其防护效益还是很大的。

四、城市公园植物造景原则

（一）生态原则

将有欣赏价值的野生植物进行重新培育和创新设计就形成了园林植物，在其长期的发育过程中，受环境条件的影响而产生了多种多样的适应性和不同生态类型的植物品种，全面地了解和掌握组成环境的各个因素以及这些因素同植物之间、不同品种之间的关系，才能科学合理地配置园林植物，组成稳定、和谐的生态植物群落，创造出优美的植物景观，给人以美的感受。

1. 植物对环境的适应性

（1）温度。植物只有在合适的温度下才能正常成长，像热带植物椰子、橡胶树这些植物，只有在每天平均气温为 18℃以上时才正常按规律生长；而亚热带的植物如柑橘、香樟和竹子只有在 15℃时才开始生长；暖温带植物如桃、槐要想生长必须达到 10℃才可以；温带植物如紫杉、白桦、云杉要想生长必须达到 5℃才可以。在 0～35℃的温度范围内大多数植物在温度升高的时候就长得快，温度降低的时候就长得慢。超过植物所能忍受的最高温或最低温，都能使植物的生理活动受到破坏，极易造成植株死亡。如三叶橡胶在 0℃以上的温度下就会叶黄而脱落。至于在 0℃以下不适应北方寒冷气候的植物，其地上部分的组织极易结冰而发生冻害。高温会造成植物的呼吸作用超过光合作用，促使蒸腾作用加强，致使植物失水饥饿而死亡。同时，温度对花芽分化也有影响。一定范围内的低温可促进花芽分化，如紫罗兰在10℃以下的低温才能完成花芽分化。北方的丁香、连翘、桃、杏等开花树种的花芽在头一年形成，经过冬天的低温后才能开花，如果没能满足这一低温阶段，第二年春天就不能开花。植物在开花时的温度高低对花色也有影响，温度适宜时花色艳丽，温度过高或过低则使花色清淡不艳。

在北方地区的公园植物，除了要注重防止冻害，还要特别注意由于突然降温给植物带来的霜害和冻裂。霜害是气温降至0℃时，物体表面的空气中的水汽凝结成霜使植物发生冻害。一般草本花卉的花、叶经霜后都易发生霜害而枯萎，木本植物枝叶霜后可以复原。因此在北方公园中室外的花坛、花圃、花卉展览，在发生霜冻的时期内，要特别采取措施注意防霜。冻裂是指寒冷地区的树干的阳面，由于冬季气温昼高夜低，温差变化而使树干冻裂发生日灼。当树液活动后，会有伤流出现，造成病菌感染影响树势。防止的办法是冬季前在树干上涂白，即用熟石灰、兽油、硫黄等配制成糊状物涂之。

（2）光照。园林植物的生长发育必须在光的照射下经过光合作用才能完成。所以光是园林植物的能量源泉，只有在光照下，植物才能正常生长、开花和结果。由于植物在其生存发展中对光照长期的适应，反映出对光照时间、光照强度有着不同的标准，所以可以把园林植物分为阳性植物、阴性植物和中性植物。

阳性植物：喜在充足阳光照射下生长，不耐庇荫。在阳光不足或庇荫环境中，则枝条纤细、叶片黄瘦、开花不良或不能开花，整个植株不能生长。如落叶松、油松、侧柏、水杉、银杏、杨、柳、榆、槐树、乌桕、香樟、榉树、棕榈、橡皮树、玫瑰、连翘、锦鸡儿、枸杞、红花绣线菊、石竹、一串红、唐菖蒲、矢车菊、紫茉莉和野牛草、结缕草等树木花草都是阳性植物。由于其长期生长在阳处，光照强、热度高，本身蒸腾强度大，土壤蒸发量也大，致使根系深而庞大，对环境的适应性较强，是公园植物造景的基础材料和常用的种类。

阴性植物：自然生长在林下和高山阴坡等环境，适宜在荫蔽的条件下生长。在强光直射和全光下反而生长不良，甚至叶片枯黄，长时间会造成死亡。如玉簪、文竹、兰花、秋海棠、龟背竹、蕨类、一叶兰、八仙花等草本植物；瑞香、八角金盘、珍珠梅、海桐、珊瑚树等木本植物。还有些具有一定耐阴性的耐阴植物，如十大功劳、金花忍冬、金银木、天目琼花、胡枝子、卫矛、东陵八仙花、锦带花、常春藤、西洋常春藤等，这类植物在强光下可以生长，不像阴性植物失去遮阴后暴露在强光下就会死亡。了解了阴性植物和耐阴植物，在公园植物造景中就可以充分利用其生态习性进行复层混交式配置，创造出多品种、多层次的植物景观。

中性植物：中性植物要想正常生长必须在全光或半阴环境下，这种植物喜欢阳光，但是在阴暗的环境中也能生长，只是不适宜长时间在荫凉的环境中生长。如七叶树、鸡爪槭、华山松、白皮松、香柏、椴树、白蜡、黄槐、马鞍树等；还有一些中性偏阳的植物，如樱花、桃、李、梅、三角枫、玉兰、广玉兰、枫杨、元宝槭等；在中性植物中，中性偏阴的植物有云杉、冷杉、铁杉、红豆杉、罗汉松、四照花、枸骨、杜鹃、山茶、八仙花、忍冬、花楸等。中性植物在高温干旱或全光、全阴条件下都会抑制其生长。

植物的生长发育不仅和光照强度有关，其花芽分化还和光照时间有关。根据植物开花昼夜长短、光照时间的要求不同，分为长日照植物，即每天的光照时间在 12～14h 以上才能长成花芽，这类植物有唐菖蒲；短日照植物，即每天光照时间小于 12h 但要大于 8h 才能让花芽成长和开花，如一品红、菊花是典型的短日照植物；中日照植物对日照时间没有什么特别要求，只要温度处于合适的范围内，此类植物就可以一年四季都开花，包括月季、扶桑等。掌握了长日照植物、短日照植物、中日照植物的生态习性，可以在植物造景中采取改变光照时间的办法催延花期，达到提早或延迟开花的目的。如菊花在北方多于 11 月份开花，如要提前到国庆节开花，可在夏季的 8 月初开始对菊花进行短日照处理，即把菊花放在不透光的阴棚里，每天下午 5 时开始遮光，清晨 7 时见光，让其在黑暗中度过14h，这样经过 60d 后，菊花就会在国庆节前开花与广大游人见面。

（3）水分。植物体的组成和光合作用都离不开水，水是其生长发育的重要原料之一。植物体内进行的一切生理生化活动都需要水，离开水分植物的光合作用、呼吸作用、蒸腾作用都不能正常进行，会对植物的生长发育和开花结果有很大影响。不同的植物种类对水分的需求也会不同，可分为以下几种。

耐旱植物：多原产于热带干旱或沙漠地区，在年降雨量超过 300mm 的地区即生长不良或不能生存。耐旱植物的特点是根系较发达，叶退化，有的种类的茎肉质化，如仙人掌、梭梭木、黑桦、沙枣、红柳、阿月浑子、胡枝子等。

中生植物：对水分要求适中，既不能过干又不能过湿的植物类型。绝大多数园林植物属于中生植物种类，如月季、扶桑、君子兰、桂花、丁香、悬铃木、枇杷、国槐等。

耐湿植物：多原产于空气湿度大的热带雨林或湖边溪旁，喜水湿，其根部适宜浸水或土壤水分接近饱和。这类植物有水仙、千屈菜、龟背竹、马蹄莲、海芋、芦苇、水杉、垂柳、落羽杉、池杉、枫杨等。

水生植物：自然生于水中，在旱地不能生存或生长不良，其根或茎有较发达的通气组织。根据水生植物的习性又分成浅水类，如菖蒲、慈姑等；挺水类，如荷花、王莲等；沉水类，如金鱼藻等；漂浮类，如凤眼莲、水浮莲等；浮水类，如睡莲、菱角等。

水生植物在园林中既能点缀美化水面，又能清洁水质，是公园植物造景中不可缺少的材料。

（4）空气。植物的正常生长发育离不开空气，其中氧气是植物正常呼吸作用必不可少的物质，缺少了氧气会抑制植物根系的正常呼吸作用而不能萌发新根，严重时会引起烂根致使植株死亡。空气中的二氧化碳可以帮助植物完成光合作用，在合适的浓度下植物就会进行生长发育。空气流动形成的风有利于帮助植物授粉和传播种子。空气中的一些有害气体，如二氧化硫、氟化氢、氯气、一氧化碳、氯化氢、硫化氢和臭氧等都会对植物的生长发育造成危害。二氧化硫由叶片气孔侵入后，会破坏叶绿素造成组织脱水并坏死。其表现为叶脉间先出现褐色斑点，进而呈黄褐色或白色。氟化氢主要危害植物的幼芽或幼叶，先是在叶尖和叶脉出现斑点，进而向内扩散，致使植株萎蔫，褪去绿色，严重时可使植株矮化、早期落叶、落花或不结实。氯气对园林植物的危害主要表现在叶脉间产生不规则的白色和浅褐色的坏死斑点、斑块，叶片呈水渍状，严重时变成褐色、卷曲以致脱落。

但是有些种类的园林植物对有害气体也有抗性，即能够在一定浓度的有害气体中照常生长。了解这方面的知识，对于不同环境选择适宜的植物和对公园植物造景大有益处。

在空气因子中，除了各种气体影响植物外，还有一种影响因素是空气流动形成的风。低速的风对植物有利，高速的风则会对植物造成生理和机械伤害，因而在多风地区还应注意选择树冠紧密、材质坚韧、根系强大深广、抗风力强的树种，如马尾松、黑松、圆柏、榉树、胡桃、白榆、乌桕、樱桃、枣树、臭椿、槐树、樟树、麻栎、假槟榔、南洋杉、竹类、柑橘类、大麻类、柠檬桉等作为造园树种。

（5）土壤。土壤是园林植物生长的根本条件。植物有了土壤才会形成直立的形状，从土壤中吸收生长发育所必需的水分、养分和氧气。土壤是由自然界的母岩分化而成的，由于母岩的不同，致使土壤的质地、结构、养分和酸碱度均有差异，长期生长在不同土壤上的植物也就形成了不同的适应类型。

耐酸植物：这类植物适宜在土壤pH6.5以下的环境中生长，它又被称为酸性土植物。这类植物在pH6.5～7.5的中性土壤上可以生长，但在超过pH7.5的碱性土上很难生存。常见的耐酸植物有杜鹃花科、山茶花科的大多数植物，茉莉、栀子、瑞香、龙眼、荔枝、柑橘类、兰科植物、樟科植物、白兰花、桂花、花楸以及多数棕榈科植物等。

耐碱植物：在pH7.5以上的碱性土壤上生长良好的植物，也称碱性土植物。常见的耐碱植物有柽柳、沙枣、盐肤木、火炬树、乌桕、苦栎、枸杞、紫穗槐、榆、椿、槐、合欢、白蜡、胡杨、侧柏、仙人掌、地肤、葡萄和向日葵。除此之外，有些土壤中有游离的碳酸钙，这些土壤被称为钙质土，在钙质土上能很好生长的植物被称为钙质土植物（喜钙植物），如南天竹、柏木、青檀和臭椿。

耐盐植物：当土壤中的盐分大于0.2%时，还能继续生长发育的植物称为耐盐植物，有的植物在盐土中生长良好，离开盐土反而生存不了的称为盐生植物，如盐蓬、海蓬、红树、胡杨等。还有的植物如火炬树、盐肤木、乌桕、苦栎、柽柳、美国白蜡、洋白蜡、沙枣、秋胡颓子、紫穗槐、梭梭木、甜菜、向日葵、木麻黄、罗汉松等，可在含有0.5%的盐分的土壤上生长，但它们不属于盐生植物，即在不含盐的土壤中也能正常生长。

中性土植物：在pH6.5～7.5的土壤上能够生长良好的植物被称为中性土植物，园林植物大部分是此类植物。

2. 植物的群体性

用来给公园的植物造景的树木有的是孤植，而大多数的植物形式是丛植和群植，此时就需要理解明白树木的群体组合的生态关系。

按植物在生长发育中与人类栽培种植的关系，可将植物分为自然群体和人工群体或称为栽培群体。自然群体也称为自然群落，是在大自然中一种或多种植物在一定的地区，根据自己的规律成长变化、演化推进，并与环境进行互动，以适应大自然的植物群体。在长期的历史发展过程中，在不同的气候及生态环境条件下形成的群落是自然群落。每个自然群落都包含不同的植物构成，群落最重要的特征就是如此，这同样是决定群落的外观、层次和结构的基础条件。如西双版纳的热带雨林群落，在较小的面积中就有上百种植物，并且群落组成很复杂，有着6～7层的内容，群落里面藤本植物、寄生植物和附生植物很丰富，整个雨林枝叶繁茂、林间紧密、生势强健。

植物群落内的植物之间有着互帮互助的关系，同样有着竞争关系。如附生植物——天南星科的龟背竹，榕树这类热带树木是它生存的地方，它依附在树干上，这样就会形成多层次的茂盛的植物景观。除此之外，还有蕨类植物中的肾蕨、岩姜蕨和鸟巢蕨也依附在树干下部阴湿的部分，它的叶子生的碧绿，生机勃勃，很吸引人。植物群落内还有着寄生、共生等互助关系，如松树、落叶松、云杉、栎、桦木、兰科植物、柏、雪松、核桃、红豆杉、杨、白蜡、槭、杜鹃、柑橘、葡萄等植物都具有菌根，这些菌根可固氮从而为自己和其他植物给予营养，使植物能在贫瘠的土壤中生存。还有豆科和禾本科植物，松和蕨类植物在一起生长，也产生了共生互利作用。明白这些关系然后利用起来，这样在公园的植物造景过程中，不但可以增加单位面积中绿叶的数量，还可以增加树木的层次，创造出美丽动人的植物景观。很显然，植物群落中也有着严重的种间竞争。如在群种间有许多高大的树木，靠着它的优势逐渐向上发展生长空间，这样造成了挤压其他树木的现象，使得别的树木的叶面积和根系面积减少，从而不能正常生长进而更加不如上层树木，时间长了就会导致死亡，或者成为较弱的树木，这种现象就是群种间的稀疏现象，是由于种间竞争造成的。除了种间竞争，群体中不同种类之间也会有竞争，这样会使群落的组成与构造得到改变，会形成一群在生态上具有互补作用而相对稳定的群体。

在植物园林绿化中，必须特别重视不同物种之间的拮抗作用。刺槐和丁香这两种植物的开花香气可以对相邻的植物的生长产生危害。种植它们时，每株植物都需要单独种植。榆树和橡树、白桦和松树、松树和云杉在配置时，因为它们之间会互相对抗，所以不应该一起种植。梨桧锈病涉及圆柏、侧柏与梨、苹果，因此梨和苹果不能与侧柏混合。核桃仁的叶子可以分泌大量的核桃醌，这对苹果有危害，所以这两个树种不应该种植到同一区域。黑胡桃树的根系含有胡桃酮，它可以毒害树下的草本植物并使其枯死，因此不应在赤松林下种植牛膝、灰藜、苋菜等植物。所有这些因素在公园的植物造景中必须要严格掌握。

自然群落是在长期的历史发展过程中形成的稳定的植物群体形态，其特征一是面积大，凡是一个群落都是由很多植物组成的，必须要有一定的面积和规模，只有这样才能体现群落的基本特征和形成群落环境。二是品种多，在一个群落中，1～2种植物形成不了丰富多彩的植物景观，只有多品种的组合，才能构成景观美、结构稳定的群落。三是层次明显，在群落中要有合理的垂直排列和空间组织，一般有三层，即乔木层、灌木层、地被层。在每一层中又可分为亚层，如乔木层又分为大乔、中乔、小乔等。不同地区和不同立地条件形成不同的植物群落结构，有的群落层次复杂，有的则结构简单，如热带雨林的层次可达6～7层以上，在乔木中又分2～3个亚层，灌木层由灌木、藤灌、藤本及乔木的幼苗组成。而在我国北方的寒温带地区的群落结构只有乔木和草本两层，中间灌木层少或没有。至于荒漠地区的植物只有一层。四是结构稳定，群落中的不同品种经过长期对内、对外的适应过程，形成了稳定的群体关系，特别是一些常绿、慢生树种的组合，会长时间地展示其群体形象。所有这些特征，在公园植物造景的人工群落的设计中都要加以借鉴，特别要遵循自然群落的发展规律和生态关系，把生态效益放在首位，最大限度地增加单位面积的绿量，多搞以乔、灌、草相结合的复层结构。充分运用植物的观赏特性和造景功能，表现植物群落的美感，体现艺术和科学的和谐，创造出具有生态性、景观性的公园植物群落。

3. 植物的多样性

公园的植物造景是用乔木、灌木、藤本及草本植物，参照植物群体性的生态关系和审美要求来创造优美的植物景观，

植物造景需要的基础植物是园林植物，要想形成多姿多彩的植物景观，必须要有多种类型的植物，显现出植物的多样性。生物多样性包含着植物多样性，是植物之间和它的生存环境之间复杂关系的表现，同样是植物资源多姿多彩的象征。植物多样性和生物多样性相同，包含遗传、物种多样性和生态系统多样性。

我国是个园林资源非常丰富的国家，观赏植物中的被子植物、裸子植物、蕨

类植物、苔藓、藻类等应有尽有，可用于公园植物造景的种类、品种十分丰富。由于我国地域辽阔，气候、土壤条件变化较大，因此观赏植物的原始生态条件类型多样，植物群落从南到北、从东到西都有着明显的规律性变化，荒漠、草原、温带森林、热带雨林等不同生态类型的植物特征十分明显。而分布在不同区域的植物形成了多种生态适应性，这就为创造各种不同的植物景观提供了充分的条件。

我国的植物资源无论种类和数量都在世界上占据重要地位。从植物区系的种类数目看，中国约有 3 万种，位于拥有丰富植物资源的马来西亚（约有 4.5 万种）和巴西（约有 4 万种）之后，在世界上排名第 3，其中被子植物 2.5 万种。在被子植物中乔、灌木种类约 8 000 种，其中乔木约有 2 000 种。而且一些著名观赏植物属中，我国原产种占世界总数的 60% 以上，如兰属、山茶属、李属、白兰属、菊属、木樨属、绣线菊属等。

由于我国栽培历史悠久，经过长期培育的园艺品种也十分丰富。据不完全统计，我国的传统花木品种，菊花品种最多达 3 000 个，牡丹品种有 400 多个，荷花品种 300 多个，梅花 300 多种，兰花 300 多种，落叶杜鹃 500 多种，芍药 200 多种。这些园艺品种都在世界上占有重要地位，并为全世界的园林事业做出贡献。但是我国公园中应用的植物种类还很少，国外公园中的观赏植物种类上千种，而我国南方城市公园也不过 300 余种，至于北方城市公园就更少了。英国皇家植物园丘园已拥有 5 万种活体植物，而我国至今尚未有超过 5 000 种活体植物的植物园。世界著名的花卉生产和贸易王国——荷兰，其鲜切花出口比重占世界的 60%，盆栽植物出口占世界的 48%。他们每年把 9 亿株、5 500 种鲜切花，8.21 亿盆 2 000 多种盆花和 2 200 种花木，出口到欧洲、亚洲等 130 多个国家和地区。荷兰哥根霍夫公园现已成为世界上最大的球根花卉观赏园，每年春季展出郁金香、风信子、番红花、洋水仙、百合等各种球根花卉 2 000 万株，其中仅郁金香就有 2 000 种以上。展览期间，全园云蒸霞蔚，异彩纷呈，十分壮观。

公园绿地的面积较大，周围条件和生态环境十分复杂，园内有山和水，地形起伏，功能分区也不尽相同，加上公园种类繁多，这就对植物造景提出了很多要求，也促进了植物多样性，为形成不同种类的植物景观给予了很大的空间。

（1）以乡土树种为主，与外引树种相结合。各地的乡土树种对当地的环境适应性强，生长健壮，又能突出地方特色，是树种的首选。所以公园植物造景应尽量收集当地观赏性强的乔木、灌木、藤本、花卉、草坪品种进行配置，甚至对野生的观赏植物也要加以利用。但是，乡土树种的种类毕竟有一定的局限性，大力引进外来树种作为补充是简易可行的。对引进外来树种要十分慎重，除考察了解其生境习性和对当地环境的适应性外，还要十分注意预防疫病的传入。对外来树种最好能经过本地苗圃试栽成功后再引入公园，这是比较安全可靠的办法。不管是乡土树种还是外引树种，都要按其习性适地适树地进行栽植。对于一些有特殊要求的观赏植物还要改地适树，即对土壤进行改良以适应植物的需要。如在中性偏碱的土壤上栽植杜鹃，就要在土壤中掺入松针或草炭土等酸性土壤进行酸化处理后再进行栽植。

（2）以乔木大树为主，与灌、藤、花、草相结合。公园的植物造景要求树木配置后要立见形象，这就必须要用大苗栽植，必要时还可以选用可以移栽的大树。这样的配置可以突出公园内的景观效果，又能营造出不同的高大荫浓的园林空间，为游人进行各项活动创造宜人的环境。所以公园里所用的各种品种的乔木都要选用规格大、树形美、枝叶繁茂的类型。为了在公园绿地上增加层次感、观赏性，还要选择开花的、观叶的、宜修剪整形的、闻香的、不同品种的灌木和藤本植物与高大乔木搭配。特别值得一提的是，草本植物在公园的植物造景中占有重要地位。草本植物品种多、生长快、装饰效果强，是其他观赏植物无可取代的。如作为地被植物的草坪，覆盖着公园的地面，其绿草如茵，柔软似毯，衬托着树木、花草、建筑、园路，给人以平坦开阔之感。草本植物中花卉组成的花坛、花镜、花径，更是万紫千红，美不胜收。所以，在公园的植物造景中以高大乔木为骨架，与灌木、藤本和草本植物结合，不但可以增加不同类型的植物品种，同时也可以增加层次，营造出丰富的植物景观。一般公园内植物造景的树木品种至少在500～1 000种以上，才能显现出植物的多样性和丰富的景观效果来。至于植物园因其具有科研和科普的任务，植物种类应是越多越全才能表现出其科学价值和整体水平。

（3）以阔叶乔木为主，与常绿叶树相结合。阔叶乔木包括落叶阔叶乔木和常绿阔叶乔木。成年阔叶乔木体形高大、主干粗壮、枝叶繁茂、树冠如盖、姿态优美，是公园植物造景的主体。当人们进入公园时，首先映入眼帘的都是些高大的阔叶乔木，正是这些高大的乔木组成疏密相间的不同空间，形成浓浓绿荫的绿色长廊，构成浓密丛林的公园外貌，所有这些都是其他树种所不能代替的。特别是阔叶乔木的叶面积大、绿量大、生态效益高，加上其姿态多种多样，四季变化明显，所以在公园植物造景中增大阔叶乔木的比例无疑是对的。但是，从植物品种多样性和景观效果考虑，适量增加一些针叶树也非常有必要。针叶树有常绿针叶树和落叶针叶树，它们的形状是尖塔形，树的态势是高高的直立，叶色为深绿色，和阔叶乔木、灌木、藤本相匹配，树形、色彩、季相和质感方面有着对比统一的成效。在严肃规矩的场合，用常绿针叶树才能有匹配的效果。至于在公园植物造景中常绿树与落叶树的比例，一般在南方常绿树占的比例大些，为50%～70%，北方地区常绿树可占30%～40%，一些纪念性园林中的常绿树的比例还可以大些。

为了保护当地的珍稀濒危植物，在公园的植物造景中要特别注意引栽一些有观赏价值的珍稀濒危树木和草本植物品种。甚至还可以在公园内专门开辟珍稀濒危植物园地，对每种植物挂牌说明，向游人宣传珍稀濒危植物的有关知识，唤起人们的保护意识和生态意识。

（二）艺术原则

公园的植物造景就是运用艺术手法和按照植物自然的性状将不同种类的观赏植物组合起来，用美的方式发挥出它们的优美形象和独特气质，这样会创造出优美的园林景观。把自然美作为基本，或把植物作为主体，或把植物与其他园林要素组合在一起，从而形成一幅幅优美、多姿多彩的画面，这就是植物造景。园林艺术的重要组成部分是公园的植物造景，它隶属于造型艺术的范围，它的表现原则依循着形式美的艺术原则。

1. 多样与统一

多样与统一的原则是公园景观中最基本的艺术原则，又称为统一与变化的原则。其意义在于，在艺术形式的多样变化中，要有其内在的和谐与统一关系，既显示形式美的独特性，又具有艺术的整体性。世界上但凡是美丽的自然景观和人工景观，它们的各个组成部分都会是和谐统一的。和谐经常出现在景观中。植物造景中需要植物材料，而这些植物材料在体形、体量、色彩、线条、质感方面都有着一致性，这就是搭配的一致性。但是过于一致就会给人呆板、乏味、沉闷的感觉。反之，样式过多而缺乏统一，又会显得混乱、无序。所以，公园的植物造景应当恪守"统一中求变化，变化中求统一"的原则，只有这样，植物造景的景观才能实现多样性中包含着统一性、和谐里有着变化性，同样也增强了景观的艺术感染力，游者会有一种赏心悦目、流连忘返的感觉。在多样与统一的原则中分为以下3方面。

（1）形体的变化与统一。多种形体组成景观，形体包含单一形体与多种形体。单一形体包括公园的孤植树，在与草坪、低矮灌木的统一配置中才能突出其个体美。同样，多种形体的组合必须有主有次，用主体形体去统一次要形体，这样主次分明，变化之中有统一。树木配置也应遵循这个原则，即在一种树群的组合中有体形、色彩、姿态突出的主体树木，再配以衬托树木，通过艺术手法的平面、立面的组合，就构成了一幅完美的图画。

（2）线形的变化与统一。线形就是树木枝条的不同形状。不同树木具有不同线形的枝条，形成了千姿百态的树形，也就是不同类型的树冠。如垂柳、垂榆，其枝条弯曲下垂，树冠呈垂直形。银杏的枝条是主枝向上，侧枝斜向伸展，其树冠呈椭圆形。云杉、冷杉、柏类的主干直立，侧枝密生呈尖塔形。松树的主干挺拔，侧枝平展，其树冠呈盘伞形。还有龙爪槐的伞形、铺地柏的匍匐形等多种。配置这些不同冠形的树木，就得依照树木的线形按主次、高低、直曲、色彩进行搭配，才能配置出优美动人的树木景观。

（3）局部与整体的变化与统一。在同一座公园中，景区景点各具特点，植物造景随之也有不同类型。但就全园总体而言，各景区的植物造景的风格应与全园整体相协调，即局部融入整体之中。如公园中的娱乐区、儿童活动区，为了营造热烈的气氛，植物造景可选用红、橙、黄等暖色调的树木和花卉。儿童活动区还要有整形的树木、绿篱，以配合儿童欢快好奇的心理。在安静休息区和纪念区，为了创造自然、肃穆的气氛，则要选择一些高大荫浓的树木。在纪念区还要栽植一些常绿针叶树，宜选用绿、蓝等冷色调的植物才能有安静、严肃的效果。但从全园看，由于有主调树种贯穿全园，所以全园的植物造景不管是千姿百态还是五彩缤纷，都要融入全园整体的绿色之中。

2. 均衡与稳定

在园林景观的平面和立体面结构中，要想给游客一种安定感，必须做到平衡和稳定的状态，会形成美感并给游客以艺术感受。表现物体在平面和立面上的平衡关系是均衡，表现物体在立体上重心下移的重量感是稳定。二者密切相关，因为只有均衡的布局才是稳定的，稳定的立体也体现出了均衡，所以只有将均衡和稳定统一起来，才会有一种安稳踏实的美。均衡有着规则式均衡和自然式均衡两种。

（1）规则式均衡。也称对称均衡，是在轴线的两侧布置完全相同的景物，形成两侧对称、前后等距、树种相同、大小一致的景观效果。这种植物造景多用于公园中的规则式配置，如出入口、整形广场、规则建筑前等地，给人以庄重、严整的感觉。

（2）自然式均衡。也是不对称均衡，就是物体的两侧不必要完全一样，在体形、质地、色彩、数目、线条等方面平衡，进而使得景观效果平衡即可。不对称均衡植物配置常给人以轻松、活泼的感觉，多用于自由、变化的自然式绿地中。

3. 对比与调和

对比与调和是园林景观组合中常用的艺术原则。对比是把形体、体量、色彩、亮度、线条等方面有很大不同的园林要素结合起来，进而生成反差大、强刺激的景观效果，给人激动、热烈、开放的感受。如果合理使用对比手法，那么园林景观就会主景突出、多姿多彩、生动活泼、引人入胜。然而，将景观要素进行对比组合时更要特别注意相互配合和协调，体现调和的原则，使游者感受到差异中的对比美和协调中的差异美。实际上，在一座公园中对比是局部的，整体是调和的。

（1）色彩的对比与调和。在园林景观的色彩运用上，常用对比色来强调主景。色谱中红色与绿色、黄色与紫色、蓝色与橙色是互补色，其间对比是强烈的，运用得好会收到意想不到的效果。如"万绿丛中一点红"就是运用色彩的对比来进行植物配置的常用手法。在一片绿树中，有一棵或一丛红色的树木就显得格外耀眼夺目，以此作为主景、点景甚至还能起到标志作用。引申开来，万绿丛中一点白、万绿丛中一点黄，也会收到由于色彩对比而突出主景的效果。如在密林前立白色雕像、栽植开黄花的树木，使色彩对比强烈，主景得到突出。即使同为绿色的树木，因品种不同叶片的绿色度也有很大差别。如柳树、落叶松为淡绿色，银杏、杨树为浅绿色，紫椴、香樟为深绿色，松、杉、柏树则为暗绿色或墨绿色。

了解了这些树木叶片的颜色，在进行植物造景时可按对比、调和的需要进行配置，创造不同的植物景观。

（2）形象的对比与调和。植物造景主要是结合植物的外形来形成景观。植物的形象除了色彩外，还包含形态、体量、高低、质感等方面。在公园植物造景中的主体是树木。树木中有乔木、灌木、藤本等类型，乔木的形态有尖塔形、卵圆形、伞形、垂枝形、圆锥形、圆球形、匍匐形等多种。树木的体量主要表现为高矮、粗细、大小。至于树木的质感主要看树叶、枝干的粗糙与光洁、革质与蜡质、厚实与透明、坚硬与柔软等区别。由于树木的形态、体量、高低、质感不同，在植物造景中运用对比调和的手法进行配置，必然会产生高低不同、错落有致、冠形起伏、丰富多变的植物景观。

（3）虚实的对比与调和。虚给人一种空灵轻松的感觉，而实让人感到紧密和厚重。在公园植物造景中常常运用虚实对比的手法来增强植物配置的艺术感染力。如在树木配置中，常绿树的枝叶紧密，叶色暗绿，冬季不落叶，给人以密实、厚重的感觉。而落叶树的枝叶松散，叶色浅绿，冬季落叶，给人以轻巧空透之感。两者配置在一起则有虚实相间的对比美。同样，在一座园林中有茂密的树林空间，有疏林草地空间，还有树木围成的草坪空间，这些空间有的实如树林，有的虚如草坪，还有虚实相间的疏林草地。这样，在园林空间的处理上，大空间和小空间、开敞空间和封闭空间也都是对比调和手法的运用。如在公园中有开阔的草坪，四周树木稀疏点缀，也有四周密林围绕的封闭草坪，这样一收一放、一开一合，相互对比，相互衬托，能增加情趣，引人入胜。还有，在公园内通过植物造景、地形起伏、水体变化，增加了景物的层次，其中的树木配置层层叠叠、近实远虚的对比关系，更增加了景观的层次美和深远美。

第二节　植物造景的观赏特性与配置形式

造景植物构成了公园植物造景。造景植物也是观赏植物，它们的形态、枝叶、花果、色彩有着让人心醉的美感。伴随着时间推移，四季不断变化，生态环境也发生着相应的变化，要根据四季的变化来进行相应的优美的构图和组合，这样就会形成丰富多彩的植物景观。

一、造景植物观赏特性

（一）造景植物类型

（1）乔木。它的体形高大、主干直立、枝叶茂盛、分枝点高、寿命长，是公园植物造景的主要材料。乔木分为常绿乔木和落叶乔木。

常绿乔木：叶片有针叶和阔叶两种，冬季不落叶可保持两年以上，故有四季常青的自然景观。常绿针叶乔木有油松、黑松、华山松、白皮松、黄山松、云杉、冷杉、银杉、柳杉、雪松、南洋松、圆柏、侧柏、罗汉柏等。常绿阔叶乔木有榕树、白玉兰、广玉兰、樟树、桉树、银桦树、桂花、山茶、橄榄等。

落叶乔木：冬季落叶、四季景观分明，也有针叶、阔叶之分。落叶针叶乔木有水杉、落叶松、落羽松、金钱松、水松等。落叶阔叶乔木有毛白杨、银白杨、新疆杨、垂柳、旱柳、银杏、梧桐、悬铃木、国槐、刺槐、鹅掌楸、白桦、梅、樱花、山杏等。

乔木依其大小、高度分成高度 20 m 以上者为大乔木，8～20 m 为中乔木，8 m 以下为小乔木。大、中型乔木在公园中主要用作主景树和树丛、密林，而小乔木则多用于分隔和屏蔽空间。

（2）灌木。具有体形低矮、主干不明显、枝条呈丛生状或分枝点较低、开花或叶色美丽等特点。灌木也有常绿和落叶之分，常绿灌木中有常绿针叶灌木，如铺地柏、砂地柏等；常绿阔叶灌木有小叶黄杨、大叶黄杨、冬青、海桐、小叶女贞、珊瑚树、石楠、矮紫杉等。落叶阔叶灌木品种很多，有观花类如丁香、连翘、榆叶梅、鸢枝、日本绣线菊、扶桑、黄刺玫、黄蝉、太平花、白鹃梅等；观果类有冬青、枸杞、毛樱桃、天目琼花、枸骨、南天竹等；观叶类有金叶女贞、光叶石楠、朝鲜小檗、紫叶小檗、金边锦带花等；观干类有红瑞木、棣棠、紫薇、平枝枸子等。

灌木可分为大灌木（高 2 m 以上）、中灌木（1～2 m）、小灌木（1 m 以下）。在公园植物造景中，灌木是非常重要的植物材料，多与乔木配置成为树木景观或单独孤植、片植，作绿篱、绿墙等。

（3）藤本。其特点是主干不能直立，需借助附着物攀缘其上或匍匐地面生长。主要用于公园的棚架、山石、墙面之上和裸露地面的覆盖。有木本和草本之分，在木本中也有常绿和落叶两类。常绿木本有常春藤、素馨、大黄蝉花、黄璎珞花、血藤、龙须藤、络石、薜荔、扶芳藤等；落叶木本有紫藤、木香、凌霄、五叶地锦、地锦、葡萄、葛藤、木通、花蓼、猕猴桃、铁线莲等。

（4）竹类。为禾本科植物，干中空有节，叶披针形，枝叶茂密随风摇曳，其姿态幽雅。常见的造景竹类有毛竹、紫竹、淡竹、刚竹、佛肚竹、凤尾竹、慈竹、斑竹、方竹、箬竹等。

（5）花卉。公园植物造景者大部分是在自然条件下让花朵全部自然生长，不需要防寒的地种的草本花卉是露地花卉。为调节花期或特殊需要，用温室栽植的花卉被称为温室盆栽花卉。

露地花卉有一、二年生草本花卉，多年生草本花卉和球根花卉三种。

一、二年生草本花卉：在一个或两个生长季内完成生长周期的花卉，如翠菊、一串红、百日草、旱金莲、金鱼草、瓜叶菊、三色堇、矮牵牛、美女樱、鸡冠花、万寿菊等。

多年生草本花卉：也称宿根花卉，其生长周期超过两年，能多次开花结实，有的根部能越冬，翌年春季继续生长。如菊花、鸢尾、芍药、唐菖蒲、耧斗菜、蜀葵、紫菀、桔梗、宿根福禄考、萱草、玉簪、荷包牡丹、肥皂草、黑心菊、松果菊等。其中有些品种如芍药、荷包牡丹、萱草、肥皂草、黑心菊等能在北方越冬，在植物造景上难能可贵。

球根花卉：也是多年生草本花卉，其地下茎或根膨大呈球状或块状。如唐菖蒲、美人蕉、晚香玉、水仙、郁金香、风信子、大丽花、百合、番红花、铃兰、贝母等。

（6）草坪和地被植物。

①草坪植物：构成各种人工草地、外形低矮、叶片稠密、叶色美观、耐践踏的多年生草本植物被称为草坪植物。根据其适应的气候条件不同又分成暖季型草坪草和冷季型草坪草。

暖季型草坪草：又称夏绿型草，适宜温度为 25～35℃，主要特点是早春返青后生长旺盛，深秋则枯萎，冬季呈休眠状态。这类草种适合我国黄河流域以南广大地区。主要品种有野牛草、结缕草、狗牙根、地毯草、马尼拉草、钝叶草、假俭草、细叶结缕草等。其中野牛草、结缕草在北方地区也能生长良好。

冷季型草坪草：又称寒地型草，适于生长的温度为17~22℃，主要特点是耐寒性较强，不耐夏热高湿，适合我国北方地区栽植。常用品种有早熟禾、加拿大早熟禾、林地早熟禾、高羊茅、紫羊茅、匍匐剪股颖、绒毛剪股颖、多年生黑麦草等。

除以上两种草坪植物外，我国北方地区常用莎草科苔草属的一些品种作为草坪草，如异穗苔草、细叶苔草、涝峪苔草等。

②地被植物：指株形低矮、枝叶紧密，能覆盖地面保持水土、防止扬尘、改善气候并具有一定观赏价值的植物。可分为草本地被植物和木本地被植物。

草本地被植物：可供观花、观叶的宿根、球根及一、二年生草本植物。如马蹄金、红三叶、白三叶、紫花苜蓿、百脉根、马蔺、沿阶草、紫花地丁、二月兰、红花酢浆草、石菖蒲、葛藤、肾蕨等。

木本地被植物：指生长低矮的灌木、竹类及藤本植物。如石岩杜鹃、铺地柏、沙地柏、八仙花、偃柏、八仙花、火棘、凤尾竹、五叶地锦、常春藤、金银花、紫藤、山葡萄等。

（7）水生植物。指自然生长在水中、沼泽或岸边潮湿地带的，多为宿根或球茎、地下根状茎的多年生植物。根据其生长习性可分为4类。

①挺水类：一般在水深0.5~1.5 m条件下生长，茎叶挺出水面的水生植物，如荷花、水芋、水葱、花蔺、荸荠等。

②浮叶类：叶浮于水面而根生于泥中的水生植物，如睡莲、王莲、凤眼莲、水浮莲、芡实、莼菜、荇菜等。

③沉水类：整个植株沉于水中，或仅叶尖、花露出水面的，如金鱼藻、牛顿草、红柳、青荷根、红蝴蝶、香蕉草、水毛茛等。

④沼生类：指在岸边沼泽地带生长的水生植物，如千屈菜、芦苇、菖蒲、红蓼和木本的落羽松、水松、小叶榕、水杉、池杉、羊蹄甲、垂柳、枫杨、夹竹桃、散尾葵、假槟榔等。

（二）造景植物形态

造景植物的主要材料是观赏树木。在正常情况下，每种树木都有着不同的形态结构，这使得植物景观丰富多彩。树木外观的观赏可分为远观和近观。远观是观赏由树冠和树干组成的树形，这是树木的基本外表，也是最直观的。而近观则看树木的叶形、根形、花形、果形等。观赏树木的不同形态给人不同的美感，依据观赏树木的形态特征进行景观搭配，这样才会创造出优美动人的树木景观。

1. 冠形

（1）乔木的冠形。有主干直立形和主干分枝形。

①主干直立形：这些树有一个中央树干，整棵树垂直竖立，高而有力，给人一种和平与安宁的感觉。在植物分布中，它通常作为主图像显示，并成为观看者的中心视图。这种主干类型有尖塔形、圆锥形、圆柱形、卵圆形、棕榈形。

尖塔形：侧枝与主体成90°或更大的角度，侧枝向上渐渐缩短。整棵树都是尖的，像雪松、落叶松、冷杉、云杉和落羽杉。

圆锥形：侧枝与主茎成45°～60°，以倾斜的方式向上延伸。枝条紧密而细长，边缘呈圆形，形成圆锥形。如桧柏、杜松、毛白杨、水杉等。

圆柱形：主干较长，分枝从上至下密实排列，形成圆柱状。如杜松、钻天杨和塔柏。

卵圆形：主干直立向上，侧枝斜伸与主干成45°～60°夹角，树冠丰满，呈卵圆形。如银杏、加杨等。

棕榈形：主干直立，单叶簇生干顶，叶多大型，呈羽状或掌状分裂。如棕榈、椰子等。

②主干分枝形：树木的主干直立，侧枝发达，呈放射状，整个树势或浑圆，或稍平展，多以弧形曲线为主，给人柔和平静的感觉，在植物造景中多起调和作用。这种主干类型有卵圆形、圆头形、伞形、垂枝形、被覆形。

卵圆形：侧枝发达，在树冠的上下部较少，中部较多，树冠呈卵圆形。如悬铃木、玉兰等。

圆头形：树冠呈浑圆状。如国槐、馒头柳、栾树等。

伞形：树冠上部平齐，呈伞状展开。如合欢、凤凰木、千头赤松等。

垂枝形：枝条柔软下垂，树冠呈波纹形。如垂柳、龙爪槐等。

被覆形：侧枝横斜伸展，树冠独具风姿。如老年松树、枫树、梅树等。

（2）灌木的冠状。没有显著的树干或分枝较矮、分枝成簇，有以下几种类型。

球形：枝条密集地斜向生长，呈球形。如黄刺玫、玫瑰、小叶黄杨等。

长椭圆形：枝条向上生长。如木槿、树锦鸡儿、西府海棠等。

垂枝形：枝条向下弯曲。如连翘、垂枝碧桃、太平花等。

爬形：树枝很低，挨着地面生长。如铺地柏、沙地柏、偃柏等。

（3）藤本的冠形。没有固定的树形，是由枝蔓攀附在附着物上形成不同的冠形。附着在墙上则为片形，附着在花架上则为屋顶形，如紫藤、金银花、凌霄、葡萄等。

（4）人工整形。在公园的植物造景中，为了与环境相协调和达到观赏的效果，对乔木和灌木也要进行人工整形。如修剪为球形、立方形、梯形、圆锥形、圆弧形，或剪成各种动物造型等。这里需要指出的是，修剪的树木要选择那些枝叶密集、萌蘖力强的品种，否则将达不到预期的景观效果。

2. 叶形

树木的冠形是由枝条和叶片组成的。树木的叶片有阔叶、针叶之分，在阔叶中又分为单叶、复叶，其形状千变万化。从观赏的角度可分为大型叶和中、小型叶。

（1）大型叶。叶片长度在 30 cm 以上，有的甚至长达 20 多米，多为热带植物的叶片，其叶形奇特，叶片硕大，颇具热带风光的韵味。

羽状叶形：由叶柄和排列在叶柄两侧深裂的叶片组成，如椰子、散尾葵、长穗鱼尾葵、龟背竹等。

掌状叶形：又称扇状叶，其形状犹如伸开的手掌，是由叶柄和深裂或半裂的叶片组成，如棕榈、棕竹、蒲葵、槟榔等。

（2）中、小型叶。叶片长度在 30 cm 以下的各类植物，是植物造景中利用率最高的部分。叶形可分为单叶类和复叶类。

①单叶类。

针形：如油松、雪松、柳杉、桧柏、麻黄等。

条形：如冷杉、紫杉、金钱松等。

披针形：柳、杉、夹竹桃、竹等。

椭圆形：金丝桃、胡颓子、木兰等。

卵形：玉兰、卫矛、女贞等。

心脏形：泡桐、紫荆、糠椴、紫椴等。

圆形：柿、猕猴桃、黄栌等。

掌状形：五角枫、新疆杨、刺楸等。

三角形：茶条槭、钻天杨、乌桕等。

②复叶类。

羽状复叶：如刺槐、合欢、皂角、锦鸡儿、臭椿、无患子等。

掌状复叶：如七叶树、刺五加、铁线莲等。

奇形类的叶形如扇形的银杏，马褂形的鹅掌楸，葫芦形的槲树、蒙古栎、厚朴等。

3. 干形

树干和树皮形状因品种而异，特别是作为树的支柱，有些直立，有些弯曲，有些怪异，显示了树的不同特征，因此可以在植物造景中通过设计形成斑斓夺目的植物景观。树木的主要树干类型有如下几种。

直立形：树的主干与地面垂直，笔直向上，给人以宏大、划一和庄严的感觉。如油松、白皮松、华山松、云杉、冷杉、水杉、落羽杉、落叶松、毛白杨、银白杨、加杨、白桦、玉兰、梧桐、樟树、国槐、木棉、棕榈等。

斜立形：树木主干斜立地面，枝条或下垂或斜展，具有飘逸潇洒之态。如垂柳、山桃。

弯曲形：主干呈弯曲状，盘绕而上。有的树木的枝条也自然弯曲，给人一种曲线美的感觉。如龙须柳、龙爪桑、罗汉松、紫藤、凌霄等。

奇异形：主干上下不通直而为异形，给人以奇特之感。如纺锤形的大王椰子、酒瓶形的酒瓶椰子、节间膨大的佛肚竹、截面为方形的四方竹等。

除主干有不同类型外，其树皮的构造也很有特色，如树皮光滑的有柠檬桉、木瓜、榔榆等；有横纹的如山桃、桃、樱花等；有片状剥裂的如白皮松、悬铃木等；树皮撕裂的有柏树；有长方裂纹的如君迁子等；树皮呈鱼鳞斑块的有油松。所有这些都有观赏价值，在植物造景中均可加以利用

4. 花形

树木开花是游人观赏的一大景观。树木的花朵有大小、色彩的不同，又有单花和排列成各式各样花序的区别。每当应季盛开，万花竞放，如锦似云，蔚为壮观。在植物造景中，充分利用观花树种的观赏特性，或将同一花期的不同树种，

或将不同花期的同一树种配置在一起，都会获得四季花开不变的景色。花形按观赏角度分为以下几种。

单生花：是以单朵花着生在枝干上。这种花形多是欣赏其个体美，当满树花朵盛开时也很壮美。单生花有单瓣、重瓣，有大花、小花，也有花形奇特的多种形态。如大型单、重瓣花有白玉兰、广玉兰、珙桐、四照花、天女木兰、牡丹、山茶等；小型花有梅、桃、杏、榆叶梅、连翘、蜡梅、羊蹄甲、木槿等；花形奇特的如苏铁，其花大，雌雄异株，花呈扁球形。

簇生花：多个花朵簇生在枝干上，盛开时，可使全树形成一个花团，非常壮观。如樱花、樱桃、花楸、山楂、石楠、火棘、白鹃梅等。

序状花：花朵呈序状排列，整齐美观，整体感强。如排列在小枝上的花朵形成长形花枝的有珍珠绣球、珍珠花、毛果绣线菊、紫藤、灯台树等；还有一种是花序着生在树冠的表层呈覆伞状，如杜鹃、泡桐、山桃、木棉、山梨、鸾枝、黄刺玫、大花圆锥绣球、高山梅花、锦带花等。

树木开花，有的是先花后叶，即花开在展叶前，如山桃、杏、梅；有的是先叶后花，如国槐、合欢、刺槐、栾树等；也有叶花同时开放的，如樱花。

5. 果形

观赏树的果实因为有着不同的优美外表，所以深受人们的喜欢。我国有着古老的观察水果的传统，一些可以欣赏的水果被称为"嘉实"。宋朝的宋祁将石榴花描述为"不竞灼灼花，而效离离实"。根据果实的外表特征，可分为以下几种果形。

单果：这种类型的果实在树枝上是只有一个的，大多数是圆形、扁圆形、椭圆形等，这些果实又分为大、中、小果实。如圆形中的大型果实有椰子、柚子；中型有柑橘、石榴；小型有银杏、枇杷、樱桃、忍冬等。此外还有扁圆形的柿子、蟠桃，椭圆形的文官果、木瓜、枸杞等。

复果：果实为多个，按一定顺序排列起来簇生在枝干上。这类果实多为圆形，如葡萄、猕猴桃、荔枝、山楂、鸡树条荚蒾、短梗五加、龙眼、无患子等。

奇异果：这种树木的果实形状奇特，很具观赏性。如像手形的佛手，似豆荚的皂角、合欢、刺槐，肾形的芒果，念珠状的国槐，塔形的华山松、云杉、冷杉，形似炮弹的炮弹树等。

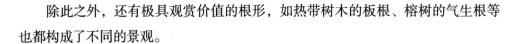

除此之外，还有极具观赏价值的根形，如热带树木的板根、榕树的气生根等也都构成了不同的景观。

（三）造景植物色彩

造景植物的色彩是园林色彩美的主要源泉。正是有了造景植物色彩的丰富多变，才能创造出不同的园林意境、空间组合等多姿多彩的园林景观。造景植物的色彩主要由叶色、干色、花色、果色来体现。

（1）叶色。造景植物的叶片除个别品种外，大部分是绿色的。自然界中绿色是最普通的颜色，属于生命的颜色，是青春、和平、希望的表征，给人一种宁静的感觉。"餐翠腹可饱，饮绿身须轻"说明人们对绿色的依恋。在绿色中按照其明度（色彩的明暗和深浅程度）又可以分为不同种绿色，将不同的绿色搭配在一起，会有明显的浓淡度变化和层次感。

淡绿色：多为落叶树早春的叶色和一些树种的叶色。如馒头柳、刺槐、洋白蜡等。

浅绿色：落叶阔叶树和部分针叶树。如银杏、元宝槭、悬铃木、合欢、落叶松、水杉等。

深绿色：一些落叶的阔叶常绿树木。如大叶黄杨、女贞、枸骨、加杨、钻天杨、柿树、香樟等。

暗绿色：是常绿针叶树。如油松、华山松、雪松、侧柏、杜松、青榭、山茶、榕树等。

蓝绿色：白扦云杉、翠蓝柏等。

灰绿色：沙枣、银柳、胡颓子等。

有些树木的变种或变型，其叶色常年为异色，如紫色叶的紫叶李、紫叶桃、紫叶垂枝桦、紫叶小檗；金黄色叶的金叶皂荚、金叶桧、金叶刺槐、金叶梓树；灰绿色叶的沙枣等。还有一些叶表、叶背为绿、灰白不同颜色的双色叶树，如银白杨、新疆杨、栓皮栎等，还有的在绿叶上有色彩斑点或花纹，如桃叶珊瑚、变叶木等，在植物造景中都具有特殊的色彩效果。

另外，有些树木的叶片在早春和秋季变成一种应季的颜色，非常鲜艳动人，也很有观赏价值。如春叶变红色的树木有臭椿、五角枫、栾树、茶条槭；春叶变紫红色包括芒果树、黄柳、黄连木、女贞子和七叶树。秋季叶片变色的包括枫叶、樱花、湖树、大黄、柿子、楸树、牛油、石楠、日本卫矛、锦缎、漆树等。银杏、落叶松、白蜡树、柳树、梧桐树、槐树、桦树、黄菠萝、加杨、水杉、金钱松等。春叶、秋叶变色的树木，把春天、秋天打扮得五彩缤纷、生机盎然，为植物造景增添了更加丰富的色彩。

（2）干色。树干是树木的支柱，干皮的形态和颜色也因富有变化而可以观赏，尤其是在北方的冬天，树叶都掉落了，树干光秃秃的，在白雪的背景下显得更迷人。因此，在植物造景中树木干皮的形态和颜色是应该充分加以运用的。

干皮的形态大致可分为平滑状，如白皮松、悬铃木、桉树、紫薇等；横纹状，如山桃、白桦、樱花等；裂纹状，如丝裂的柏树，纵裂的胡桃、板栗，龟甲裂的松树等；隆起状，如银杏等。

干色变化较大，一些树木的干色是鲜艳的颜色，能吸引眼球。如暗紫色的紫竹、红棕松、杉木、山桃、红瑞木等；黄色的竹子黄桦、山槐等；灰褐色的银杏、榆、柳、核桃等；绿色的竹、梧桐等；斑驳色彩的木瓜、白皮松等；白灰色的白桦、毛白杨、柠檬桉等。

（3）花色。树木的花色万紫千红、五彩缤纷，是树木色彩美最集中、最充分的体现。树木的花色多种多样，为用植物创造多姿多彩的园林景观提供了素材。花色按从浅色到深色大致分为4类，每类中将颜色相近的复色含入其中，如在红色类中，除有正红色外，还含有橙红、粉红、玫瑰红等色。

①白色类中，春花有梨、山桃、花楸、白丁香、白千瓣麦李、白花杜鹃、白玉兰、白鹃梅、白花碧桃、含笑、石楠、白花山茶等；夏花有山楂、文官果、天目琼花、东陵八仙花、四照花、刺槐、暴马丁香、溲疏、白牡丹、山梅花、广玉兰、白兰花、珙桐、栀子花、七叶树、白花紫藤等；秋花有大花水桠木、珍珠梅、绣线菊、银薇等；冬花有白梅等。

②黄色类中，春花有连翘、迎春、金钟花、黄蔷薇、黄杜鹃、棣棠、金老梅、小檗、黄素馨、金花茶、羊踯躅等；夏花有树锦鸡儿、黄槐、黄牡丹、黄刺玫、鹅掌楸、黄花夹竹桃、黄蝉、鸡蛋花、银桦等；秋花有桂花、栾树等；冬花有蜡梅等。

③红色类中，春花有山桃、樱花、榆叶梅、鸾枝、红丁香、杜鹃、海棠、猬

实、山茶、红花刺槐、刺桐、木棉、红千层等；夏花有红玫瑰、月季、石榴、锦带花、柽柳、蔷薇、扶桑、紫薇、合欢、凤凰木等；秋花有日本绣线菊、粉花绣线菊、羊蹄甲、木芙蓉等；冬花有一品红、红山茶、红梅等。

④紫色类中，春花有紫丁香、什锦丁香、映红杜鹃、兴安杜鹃、紫荆、无患子、胡枝子、紫穗槐、紫藤、泡桐、紫花文官果、红花洋槐、江南槐、胡枝子、花木兰、紫玉兰、楝树、羊蹄甲等；夏花有木槿、夹竹桃、大叶铁线莲、楸树、崖豆藤等；秋花有牡丹、紫羊蹄甲、九重葛、叶子花、紫薇等。

（4）果色。树木有着很高的观赏价值，因为它们美丽而结实。所以苏轼著名的"一点黄金铸秋橘"，把秋橘的果实描绘得如同黄金一般美好。每到秋季，树上果实累累、色彩艳丽，正是观赏秋景的大好时光。果实的颜色也是丰富多彩的，其中以红色居多，还有黄色、蓝紫色、黑紫色和白色等。

①红色类：山楂、忍冬、山里红、天目琼花、樱桃、枣、花楸、小檗、南天竹、李、石榴、珊瑚、冬青、枸杞、北五味子、紫杉、山定子、卫矛等。

②黄色类：银杏、柚、枇杷、杏、南蛇藤、沙棘、无患子、贴梗海棠等。

③蓝紫色类：葡萄、地锦、黄菠萝、蓝果忍冬、十大功劳、桂花等。

④黑紫色类：水蜡、女贞、鼠李、黑樱桃、小叶朴、桑、稠李、金银花、黑果绣球等。

⑤白色类：红瑞木、偃伏株木等。

⑥绿色类：软枣猕猴桃、圆醋栗、核桃楸、刺果茶藨子等。

二、造景植物配置形式

（一）树木造景

根据树木的生态习性，运用美学原理，根据树木、灌木和藤蔓的组成，并根据它们的位置、颜色和树形，使它们形成不同形式的有机互连，由不同类型的美丽树木组成美丽的景观，不同的林地公园中的陆地树木可以根据不同的配置分为自然配置和规则配置。

（1）自然配置是指在平面的构成和使用中，将树木根据不规则的排列方式相结合。在自然配置中，又分为个体种植、集群种植、群体种植和森林种植。

①个体种植：选择高体、高枝、高叶、树形奇怪、单叶、小花的单株树木，或选择高密、枝干优雅、线条优美的树木。将一种植物种在一大片绿地的中央被称为孤植树或孤植。

在设计中，孤植树通常位于绿地平面图的中心和花园空间的视图中心，这是其主要特征。单独种植的树木很容易吸引人的眼球，具有强烈的标志性、方向性和装饰性效果，并供观赏和庇荫之用。

对孤植树的设计要特别注意的是应做到"孤树不孤"，即孤植树要有开阔的空间，要以草坪作地被、其他树木作陪衬，以蓝天或山体作背景，共同组合成为一个优美的有机整体。为了取得最佳的观赏效果，应按规定留出立面、平面观赏视距。孤植树的树种选择，除姿态、色彩、干形外，为了立见效果，应选择慢生树种的大规格树木，除特殊需要外，一般应以乡土树种为主，这样的孤植树长寿、稳定，宜于长期观赏。适合种植孤植树的树种：银杏叶、山楂树、小叶前院、五边形枫树、黄菠萝、胡桃木山毛榉、山毛榉、白桦树、铃木、樟脑、白玉兰、广藿香、樱花、榕树、木棉、凤凰树、鱼尾葵、针状海葵，落叶松、油松、雪松、云杉、冷杉、华山松、白皮松、桧柏等。体形大、枝叶繁茂、花朵密集的花灌木独株或几株组合在一起，也可以作为孤植树，如黄刺玫、紫丁香、玫瑰、忍冬、菱叶绣球、小叶花、金丝桃等。

②集群种植：将两棵到十几棵相同或不同物种的树木或按次序分组的树木种植在一起形成景观。

集群种植中树木形态的组成侧重于主体与副体的和谐，对比的统一性和平衡性存在变化。这样设计的树木高低错落，形成令人愉快的构图和美丽的风景。

我国画理中有"2株一丛的要一俯一仰；3株一丛的要分主宾；4株一丛的则株距要有差异"的论述，正符合丛植配置中的构图原则。在丛植的配置中，有2株、3株、4株、5株、十几株等配置形式。

2株配置：2株乔木搭配，在平面上要一前一后，立面上要一高一低，或一俯一仰，这样才能在对比中求均衡，使画面生动。切忌两株平头并列，树种差异过大。

3株配置：3株树木搭配，在平面布置上要把3株树置于不等边三角形的三个角顶上，立面上以一树为主，其余两树为辅，构成主从相宜的画面。树种选择可全为乔木，也可乔灌结合，但主体树木应为乔木，并严格挑选具有特点的树林。

4 株配置：4 株搭配，应为 1 株与 3 株相结合。平面上，4 株分布在不等边四边形的四个角顶上；立面上，主体树则在 3 株树的组合中形成一对三的关系，这样的配置才能均衡。

5 株配置：5 株在平面上可分为 1 株对 4 株，或 2 株对 3 株，该关联形成不相等的五边形或四边形。在立面上，主体的是株数多的组合，其他组合是衬里。主树的形状、颜色必须吸引眼球，这样才能区分主体和配体，形成统一、生动的景观。

6 株以上的配置：6 株至十几株的树木配置方法，也是按照丛植的构图要求来搭配的。6 株配置可按 2 株对 4 株；7 株配置按 3 株对 4 株或 2 株对 5 株；8 株配置可按 3 株对 5 株；9 株配置可按 4 株对 5 株或 3 株对 6 株；10 株配置可按 4 株对 6 株或 3 株对 7 株；11 株配置可按 4 株对 7 株或 3 株对 8 株等。多株配置要使主体和配体之间均衡协调，切忌对比过于强烈，避免株数上过于悬殊，同时也要自然有序，避免杂乱无章。

整形树木配置：在树木集群的形成上也有一种自然安排，要选择耐修剪的常绿或落叶乔灌木，无论是可持续的还是短暂性的，根据集群配置的形式进行组合和种植，然后根据主从关系将其制作为圆形或平行形状。它们可能被用作绿地中的主要观赏植物，固定在绿地中，或与建筑物一起搭配，它们形成的景观生动盎然，有着很强的欣赏意味。

丛式配置是很基础的配置方法，也是公园种植常用的设置形式。它经常用于公园的开放式展示、灌木和灌木丛的边缘以及重要的绿地位置，是公园的主要景观。

常绿、落叶乔木和灌木可以作为丛植的树种，将它们依据搭配的原则进行有机组合，会形成有机生态、完整构意、姿态万千的树木景观。

③群体种植：主要采用 1～2 种树型建立一个大型树群的设置方式。群体种植设置形式通常应用于不同的花园空间围合、分离、遮挡，以形成封闭的小空间。

该种植形式应在布局中突出陆地树木，搭配植物应围绕在陆地树木周围。要依据自然搭配的原则来种植树木集群，以建立明确的主从关系，形成高低错落、天际线有起伏、林缘线有变化的具有群体美的园林景观。

群植的树种选择以乔木为主。为保持群植树丛的形态稳定，主景乔木宜多选用树形美观、慢生寿长的树种，如银杏、紫椴、黄菠萝、枫杨、樟树、国槐、木棉、榕、油松、白皮松、南洋杉、云杉、冷杉、桧柏、侧柏等。

④森林种植：种植大片区域的乔灌木，从而打造出森林的一种设置方式。大型公园、风景如画的森林、疗养区、生态林利用的就是这种方式。

森林种植可分为两种形式，分别为茂密森林和疏林。

茂密森林：如果郁闭度高于0.7，那么森林就是茂密的。茂密的森林的特点是阳光很少进入，导致森林的湿度高，土壤含水量高，人们一践踏就有很多泥水。为了让人们干净地进入森林，可以在地面上修建花园道路，最好是修建高于地面的栈桥，这样不但能保护地面植被，也不破坏周围环境，是保护生态环境的好办法。

密林分为同品种的单纯密林和不同品种混栽的混交密林。密林的树木配置，在平面上为不规则布置，林缘线富于变化。立面上要有高低变化使林冠线有起伏，这样的森林景观才会有深远壮阔之美。

疏林：如果林地郁闭度在0.4～0.6之内，那么就是疏林。疏林可以单纯是乔木，形成纯林，也可以是乔木、灌木、草地、花丛搭配组合成有节奏的绝美的风景林。

疏林的树木品种可选择以树冠高、树形优美的常绿、落叶乔木为主，按照自然式配置，有疏有密，有聚有散，组成不同的树群，再适当配置灌木。地表草坪最好选用耐践踏的草种，林地边缘还可以栽植宿根花卉，形成层次分明、色彩丰富的森林景观。林中可适当点缀建筑及园林小品，但要保持森林的自然野趣，切忌人工雕琢，因为失去了自然，也就失去了林植的原意了。

（2）规则配置。以直线或曲线几何形状种植树木的搭配方式。规则的搭配给人一种威严的感觉，反映了非自然雕刻的艺术美的严肃氛围。常规配置形成有对植、片植和列植。

①对植：指的是同一物种或不同物种的树木，对应于轴线两侧的种植配置。对植形式强调树木之间在体积、颜色、态度上的一致性，这一方式能展现出协调的美。

对称对植：在轴两边种植相同种类、大小和相应位置的树木。这种形式用于宫殿、寺庙和纪念性建筑前，体现一种肃穆的气氛。也可在公园、游园、单位门前对称栽植，以表现标志性。这种形式必须在水平面上直接对称，立面有长有短，大小和形式都是一样的，才能完全表现对称的一致性。树种选择因地而异，在宫殿、寺庙和纪念性建筑前多栽植常绿针叶树，如雪松、龙柏、桧柏、油松、云杉、冷杉等；在公园、游园等地多选用枝叶茂密、树冠整齐的落叶乔木，如银杏、杨树、龙爪槐、樟树、刺槐、国槐、紫椴、落叶松、水杉、大王椰子、棕榈、针葵等。一些形态好、体形大的灌木，如黄刺玫、木槿、冬青、紫杉、大叶黄杨等也可用于对植。

拟对称对植：轴线两侧的树木仅基于差不多的体积，不需要一模一样的树种和树形配置。此形式多用于建筑物前、园门两侧，给人一种既严整，又活泼的感觉。有关平面和立面的设置上，只要求色彩、大小、高低、体积上的平衡和谐，因此在树种选择上不十分严格。

②片植：一种配置形式，使用一种或多种乔灌木以一定的行距切片种植。

片植主要用于森林地区和森林带，如河流两侧的森林地区、道路两侧的森林区域、条状绿地和广场街区绿地等，从而打造树木群景观。

平面和立面设计必须是有规律的等距，上下一致，尤其是广场的种植设计，需要树种规格完全一样，让人们有一种整齐划一和气势磅礴的感觉。树木栽植形式可以是纯林，也可以是混交林。树种可选择树干通直、树冠规整的银杏、国槐、刺槐、小叶朴、栾树、梓树、臭椿、白桦、毛白杨、花楸、白玉兰、广玉兰、乌桕、假槟榔、棕榈、散尾葵、油松、华山松、水杉等。

在大面积的片林栽植中，可以按四季景色配置成春花、夏荫、秋色、冬青等画意浓厚的风景观赏林。

③列植：沿直线或曲线在一定距离处种植一行或多行树木。这种方式适用于路边、河边、墙壁沿线的线性种植，主要用在街道、广场、工矿区、住宅区、大型建筑四周的配置。在公园里，主要用于园路两侧、建筑周围和规则广场的树木配置。这种配置给人以整齐一致、气势恢宏的感觉。

在列植时需要植物行之间的距离相等，树冠的形状、胸径、高度和立面上树木的种类应大致均匀。在一定均匀的情况下，不同品种的树木和灌木也可以在中间穿插种植，但整体而言，必须有节奏变化，不能不整齐和突出。

列植方式一般用于园路树和树篱。

花园树木主要种植在公园、花园道路的两侧，有降温、降低噪声、协助交通、装饰园景等功能作用。园路树的栽植形式有规则式和自然式两种，一般在公园主要出入口、规则式园路、大型广场、纪念性建筑四周等地都按规则式栽植。而在自然式园路的两侧按自然式栽植。园路树的树种选择，规则式栽植的树种宜选用树干通直、树冠规整、枝叶茂密、树形美观的树种；自然式栽植的树种则选取树姿自然的即可。园路树的树种还要具有花果无污染、易萌蘖、耐修剪等特性。适合作为花园树木的树种有银杏、悬铃木、银白杨、枫杨、朴树、香樟、水曲柳、白蜡、栾树、白玉兰、广玉兰、樱花、山桃、杏、梅、光叶榉、国槐、刺槐、合欢、乌桕、木棉、雪松、白皮松、华山松、油松、水杉、柳杉、龙柏、棕榈、旅人蕉等。

绿篱是一种茂密、萌芽的乔灌木，具有分枝叶子，呈严密的种植方式，具有规则的行间距。绿篱根据高矮可分为绿墙、高绿篱、绿篱、矮绿篱等四种类型。

绿墙：高 1.8m 以上，主要用于遮挡视线、分隔空间和作背景。

高绿篱：高 1.2～1.6m，主要用作界线和作为建筑的基础栽植。

绿篱：高 0.8～1.0m，是公园中最常用的类型，用作场地界线和装饰。

矮绿篱：高 0.5m 以下，主要作花坛图案的边线。

按绿篱所用材料还可分成用常绿树桧柏、黄杨、女贞、冬青等栽成的常绿绿篱；用日本绣线菊、珍珠梅、锦带、茉莉、木槿等栽成的花篱；用紫叶小檗、金叶女贞、银边胡颓子、五角枫、茶条槭等栽成的彩叶篱；用火棘、枸杞、山里红等栽成的果篱。但在公园中常用的还是常绿和落叶灌木栽成的绿篱，如黄杨、女贞、水腊、雪柳、绣线菊等都是很好的绿篱材料。

绿篱这种栽植形式，由于修剪整齐、线条明晰，多用于绿地的边线、空间的分隔和园林小品的背景等，特别是规则式园林的区划，都用高绿篱、中绿篱、低绿篱作为边线围合成几何图案，形成别具特点的空间。如法国凡尔赛宫的花园绿地采用常绿矮绿篱围合成几何图案的花坛群，其平面有完整对称式的构图，整个花坛群平坦、平整，衬托着巍峨雄伟的宫殿，景色十分壮观。

（3）攀缘式配置。藤蔓连接到各种攀附物或地面，采用攀爬配置的形式。

攀缘式配置中的藤蔓是植物材料，它可以作为公园中其他花园植物无法做到的奇异景观的垂直绿化。因此，应将藤蔓配置看作是一种特别的绿化材料来设置。

藤本植物分草本和木本,有缠绕类、卷须类、吸附类、攀附类等多种,它们共同的特性是依靠攀附物进行高生长,以至达到全面覆盖,形成"叶染空间绿"的奇特效果。藤本植物在建筑、花架、墙垣、栅栏、山石、陡壁石岩、枯树上攀附覆盖之后,这些被附物简直就变成了优美多姿的绿色雕塑。

藤本植物的配置形式多为同品种单株栽植,也有把不同品种混栽在一起。一般在攀附物下,按 0.3～0.5 m 间距栽植,没有吸盘和卷须的品种可用人工牵引。在平地和坡地上的栽植间距不超过 0.5 m,视面积大小可分段栽植并理顺生长方向。

藤本植物品种较多,木本的有地锦、五叶地锦、紫藤、金银花、葡萄、山葡萄、铁线莲、南蛇藤、扶芳藤、常春藤、蔓性蔷薇、蔓性月季、木香、花蓼、络石、蛇白薮、葛藤、台尔曼忍冬等;草本的品种有牵牛花、凌霄、香豌豆、红花菜豆、圆叶茑萝、栝楼、丝瓜、蛇瓜、马兜铃、萝摩、鸡心藤、西番莲、小葫芦、绞股蓝、薜荔等。

(二)草坪造景

草坪是人工草地,经过改造后在地面上播种草籽或种植草本植物而形成。草坪在现代花园的建设中起着重要作用,不仅可以覆盖固定地面、防止雨水冲刷、减少地表径流,还可以减少、净化空气中的灰尘。最重要的是在植物景观中,它是必不可少的,也是创造出不同园林的基本元素。

草坪种类很多,分类各不相同,但根据花园布局,可分为 3 种类型:天然草坪、规则草坪、开阔草坪。

(1)天然草坪。草坪的平坦布局和在草坪上生长的植物方式不规则的称为天然草坪。在天然草坪中,也可分为围合草坪、疏林草坪、密林草坪。

①围合草坪:草坪的周边由乔木、灌木、建筑、山体包围起来,形成一个封闭空间。其中围合景物要占草坪边缘的 60%,其高度要大于草坪面积中长短轴平均长度的 1/10。这样的空间给人以隔离感和安静感,是园林布局中划分空间的一种手法。游人在这种空间里,可以安静休息和静观四周的景色。

②疏林草坪:在草坪上栽植的乔灌木树冠覆盖面积不超过草坪面积的 1/3,而且树木呈稀疏配置。这种草坪树木稀疏,株行距大,加上树木长势茂盛,既可

作为园林景观供人观赏，又是人们在林下休闲的好去处。

③密林草坪：草坪上的乔、灌木栽植面积大于草坪面积的2/3以上者为密林草坪。这种草坪树高林密，林下绿草如茵，给人以景深林幽之感，是游人寻觅幽静浓荫的佳境。

（2）规则草坪。普通草地和草坪上的植物呈规则形状，称为规则草坪。这种草坪更多地出现在花园中的装饰性绿地，如常规建筑、广场、花园道路和纪念碑周围的绿地。一般这种装饰性绿地不准游人踏入。规则草坪可以和整形树木、花卉和园林小品组景，构成各种几何图形，给人以开阔、整齐、平远的感觉，具有装饰性的美感。

（3）开阔草坪。在周围设置比较稀疏的树木，中间全都打开的草坪是开放式草坪。这类草坪通常面积很大而且没有障碍物，大部分是自然和规则的。更多的见于大型花园空间，可以让人们放松和欣赏美丽的景色，是经常用到的花园空间规划的一种方式。

（三）花卉造景

花卉因其丰富的色彩和美丽的姿态而备受推崇。因为容易种植、布局简单，大量应用在各种各样的绿地上，已成为公园景观点缀和优化必不可少的植物材料，反映了群体之美和色彩之美。花卉创作主要有平面造景、立体造景和展览造景等。

（1）平面造景。一种在平坦地面上有花的景观形式，以构成各种图案，有花坛、花境、花径等。

①花坛：把花卉按规则式栽植在几何形的植床内的配置形式。花坛内花卉的植株高度和色彩要求一致，以体现大小整齐、色彩鲜明的群体效果。花坛按表现的主题和季节又能分为以下几种类型。

个体花坛：作为绿地景观中独立存在的一种形式。其形状为规整的几何形，如方形、长方形、圆形、椭圆形、多边形等。

在个体花坛中还有一种为带状花坛，即长宽比超过3的花坛形式，这种花坛多用在条形绿地上，如公园主要园路中间的绿岛、广场中条状绿地边缘等。

组群花坛：由多个花坛组成一个完整图案的花坛群。这种花坛形式多是规则对称的，有中心花坛，有陪衬花坛。花坛的中心部分还可以设喷泉、雕塑、花钵等，这样主体更为鲜明。组群花坛的形状可以是方形、长方形、圆形等不限，只要是规整的几何形均可。

组群花坛中花卉的色彩搭配、纹样组合要考虑对称性和协调性，形成主体突出、整体一致的宏观效果，防止色彩和图案的杂乱无章，失去应有的艺术感染力。

组群花坛适合在大型广场中央、公共建筑物前和规则式园林中设置，如果配置得当，会取得富丽堂皇的装饰效果。

连续花坛：在带状地块上，由多个独立花坛按构图组合成有节奏的花坛群。这种形式常布置在公园干道、台阶中央、长形广场中轴线上，可将水池、喷泉、整形树安置在连续花坛的起点、中间、结尾部分，使其平立面更富有变化。

模纹花坛：又称镶嵌花坛，即用不同色彩的观叶植物或与花叶俱佳的观赏植物配置成不同图案的模纹式的花坛。模纹花坛因做法不同又分为浮雕模纹花坛、主题式模纹花坛、毛毡模纹花坛等多种。浮雕、毛毡模纹花坛多在平地上以平面形式展现，而主题式模纹花坛可以呈斜面形式展现，用观叶植物修剪成文字、肖像、动物、时钟等形象，其观赏效果更佳。

模纹花坛的植物材料应选择耐修剪、萌蘖力强、枝叶茂密的品种，如五色草、红叶苋、景天、彩叶草、松叶菊、香雪球、矮藿香蓟、小叶花柏、小叶黄杨、紫叶小檗、金叶女贞等。

②花境：外沿呈带状而内中的植物种植形式。这种形式介于规则形式和自然形式之间，尤其是花境内花卉的自然形态、品种、开花期、颜色、高和低都有一定的标准来显示其颜色的美、群体的美、由几朵花组成的季节的美。花境内布置的花卉应以花期长、色彩鲜艳、栽培管理简便的宿根花卉为主，并可适当配置一、二年生草花，球根花卉，观叶花卉，还可以配置小型开花的木本花卉，如杜鹃、月季、珍珠梅、迎春花、日本绣线菊等。品种搭配要匀称，要考虑季相变化，使其一年四季陆续开花，即使在同一季节内开花的植株在分布、色彩、高度、形态上也要协调匀称，使整个花境植株饱满、色彩艳丽。

③花径：主要栽植在园路两侧，使盛开的鲜花包围着园路，装饰效果较好。花径的植物材料多为花期较长、花色艳丽、花朵密集的一二年生草花和宿根花卉，如地被菊、美女樱、矢车菊、矮牵牛、福禄考、万寿菊、矮串红等。

（2）立体造景。花坛向空间伸展，具有竖向景观的配置形式。包括造型花坛、标牌花坛、花台、花钵、花架、花球等类型。

①造型花坛：又称立体花坛，即用花卉栽植在各种立体造型物上而形成竖向的造型景观。造型花坛可创造不同的立体形象，如花篮、花瓶、动物、建筑物（亭、廊等）、人物等，主要布置在公园的出入口、主要路口、广场中心、建筑物前等游人视线的交点上成为对景。造型花坛的造型要求线条简洁、形象生动、明暗凸显。这样的造型立体感强，便于制作，感染力也强。

制作造型花坛的主要材料是钢筋、铁网、三角铁、砖石等。做法是先设计好形象造型，按造型用三角铁、钢筋焊制骨架，再用铁网将外形包好，用砖石做好基础后把铁网造型竖立起来。然后将铁网造型中空部分填满实土，再在铁网外敷上掺入稻草的泥塑造外形，然后按造型的需要把各色五色草和花卉插栽入泥内，经修剪整形后就完成了。造型花坛管理的关键是每天视气温情况喷水保湿、修剪、整形、剔除杂草、防治病虫害等。目前，也有用组装的形式制造大型立体花坛，更为省时省工。一个优美的造型立体花坛就是一座彩色雕塑，其艺术性、观赏性都是很强的。

②标牌花坛：用植物材料组成的竖向牌式花坛。这种花坛多设在开辟绿地、广场的一侧，标牌的牌面上可用文字或图案形式布置，以表达一个主题。多为单面定向观赏，也有双面观赏的。这种花坛主题突出、色彩鲜明、气势宏大，是一种宣传和展览花坛艺术的好形式。

植物材料多用色彩鲜明、易活易管又耐修剪的五色草、佛牙草、景天等，也有用一串红、菊花、一品红、矮牵牛等密花型花卉组合起来的。做法是设计好图案，将图案的图形面积按特制木箱或塑料箱的规格（15 cm×40 cm×70 cm）依比例进行分割成块，再把分割好的图形放大到由木箱或塑料箱组成的实际面积的画面上。然后按图案的图形，把植物材料种植在每箱分摊的画面上，再将各箱组合成为完整图案的标牌花坛。完成后的标牌花坛要经常进行喷水、修剪、防治病虫害等养护管理，只有这样才会取得最佳的观赏效果。

③花台：用花木配置在高于地面植床内的一种花坛，其类型有独立花台、连续花台和组合花台。花台的造型有方形、长方形、圆形、多边形和自然形等。多用于公园中的广场、小庭院、园路对景的绿地中作装饰点缀，也可用花台作为主景。花台中的植物材料最好选用花期较长、小巧低矮、花多枝密、易于管理的草、木本花卉，也可和形态优美的树木配置在一起。植物品种有矮牵牛、三色堇、孔

雀草、矮串红、菊花、福禄考、金鱼草、石竹、杜鹃、牡丹、黄杨、榔榆、小叶榕、五针松等。植床有固定式和可移动式两种，可用石材、砖砌饰面，也可用玻璃钢（环氧树脂）做成可移动的花台。

独立花台多为长方形固定式，立于绿地的主要位置上。植床可高出地面 80～100 cm，或上下一体，或有基座。植床内可完全配置花卉，也可与树木、山石相结合，所用材料和配置形式可根据需要更换，不像盆景那样固定不变。

连续花台多为可移动式，其形状大小、摆放形式可根据现场设定。多用于条形绿地、广场周边作为装饰，但花台间必须有规律地连接，花色调配也要在总体上协调。

组合花台为形体不同的花台连接在一起，组成一个有机的整体。由于组合有大小、高矮、形状的不同，所以其形式更为活泼多变。组合花台可单独作为景点，也可与园林建筑相配合。

④花钵：用盆钵配置花卉的一种形式。花钵分为高脚钵、落地钵两种类型。用花钵配置花卉的特点是装饰性强，可随意移动和组合。多用于公园中的园路两侧、广场、出入口、花坛中央等地作为装饰点缀。植物材料宜用花繁枝密的草花，也可配置一些垂吊花卉，如麦冬草、旱莲、常春藤、叶子花、紫露草等。钵体材料可用白色石材，也可用玻璃钢、白水泥等。

⑤花架：用以支撑蔓性花卉植物的支架。这种支架多半是单面直立的，供蔓性花卉攀附而形成不同形式的花墙。在公园中主要用于隔离空间和供观赏用。在一些大型的花卉展览中，常用来展示不同的蔓性花卉品种，成为别具特色的品种展览区。支架材料可用木材、钢材、砖砌、石材。植物材料应是开花的蔓性植物，如牵牛花、茑萝、凌霄、香豌豆、络石、蔓性蔷薇、台尔曼忍冬等。

⑥花球：将花卉栽入圆形植床内垂吊或单柱支撑的一种形式。常用于公园内灯柱上悬挂或单独配置在绿地内，是很受人们喜爱的一种立体花卉造景的好形式。

圆形植床是用轻体塑料特制的骨架和花盆，一般直径在 50cm 左右。花卉种植在特制的花盆中，使用时可随时装配在植床内进行悬挂。养护中要注意喷水保湿和不定期更换，以保持常看常新。

（3）展览造景。将单一品种或多品种的花卉按照艺术形式组合起来，集中展现个体美和群体美的花卉配置。

花卉展览按内容可分为综合性展览，如花卉博览会；专题性展览，如梅花展、菊花展、郁金香展、盆景展等；按展览场所可分为室内花卉展览和室外花卉展览。对花卉展览要搞好总体规划，首先要确定主题，即花展是综合性展览还是专题性展览，综合性展览要有主体花卉和突出的造景中心，这样易于引人入胜。其次要在展览中设置景点和围绕景点规划顺畅的参观路线。最后就是在花卉配置上要特色鲜明、风格独特，给人以深刻印象。

　　①室内花卉展览：在温室或采光通风良好的建筑内展览花卉的一种形式。室内展览多是展览在当地自然条件下不能正常生长的观赏植物。在大型温室内展出花卉有常年固定式和时令变换式两种形式。

　　常年固定式是在温室内划分出热带、亚热带植物区，沙生植物区，特殊植物区等。这种展览形式多在温室内栽植椰子、棕榈、针葵、蒲葵、鱼尾葵和各种仙人掌、陪衬植物等，任其发育生长，以供观赏。在热带、亚热带植物区内，通过增温增湿和人工降雨，来形成热带雨林湿热的环境特点。在沙生植物区则创造干旱沙荒的氛围，使人参观时如身临其境，从而获得科学知识和对不同植物区系的不同感受。

　　时令变换式是在展览温室或建筑物内，按不同主题布置不同的花卉展览。如荷兰哥根霍夫公园的温室内举办的以春为主题的大型室内花展。温室面积有5 000 m²，室内宽敞明亮，花卉品种丰富、色彩绚丽。展厅入口为品种展览区，主要展出迎春时令的各种花卉，如盛开的杜鹃、丁香、春菊等，给人以春意盎然、生机勃勃之感。

　　在摆花展区内主要展出盆栽和插花，展出形式自然活泼、不拘一格。如展台做成方圆不同的几何形，并分别涂以红色、湖蓝、白色，与花卉在摆放造型上和色彩上形成了鲜明的对比，以突出花卉的形象。特别是有的展位地面铺满卵石，墙上悬挂着承载重物的木垫架，再在木架上摆放盆栽的红、白、黄色郁金香，从而在粗陋的环境中突出精美的盆花。这种大胆的布置和强烈的对比给人留下了深刻印象，也寓意着在恶劣的自然环境中生命的拼搏与顽强。

　　地栽展区主要围绕景点布置，各景点精心设计，展区间自然流畅，并结合草坪、水池、溪流、花架、休息凳等，使人游之十分自然惬意。地栽花卉主要展出郁金香、风信子、洋水仙、矮杜鹃等优良品种，光郁金香就有上千种，五彩缤纷，花团锦簇。参观花展就是畅游在花海之中，让人得到美的享受。

②室外花卉展览：利用公园绿地室外空间布置的大型花卉展览。室外花卉展览由于空间范围大、视野开阔，在花卉布置时宜采用大色块、大效果的艺术手法，突出简洁明快、气势宏大的艺术效果。室外花卉展览多采用以地栽花卉为主，与盆栽摆放相结合的形式，按品种、颜色、株型进行搭配，布置形式有自然式、规则式和混合式。

提到大型室外花展，就不能不介绍世界上最大的荷兰哥根霍夫公园鳞茎花卉展。这个花展每年春天举行一次，汇集荷兰上千种优良球根花卉品种栽植在公园绿地内，吸引世界各地游人前往参观游览，成为荷兰每年一大盛事。哥根霍夫公园占地面积 28 hm^2，每年 4—5 月份在全园栽植黄水仙、风信子、番红花、百合、郁金香等鳞茎花卉，其中光郁金香就达千万株以上。所以，每当花开时节，全园云蒸霞蔚、异彩纷呈，世界各地来园参观的游人每天就达 2 万~3 万人。公园内除入口处为规则式外，全园按自然式布置，在树下、坡地、池旁，把单色单一品种或不同颜色不同品种的花卉组合在一起，大都在路旁和溪旁呈圆形、半圆形、椭圆形、自由曲线形布置。在绿草映衬下，花朵色彩艳丽、千姿百态、楚楚动人。再加上湖水荡漾、溪流潺潺、小池弯弯、天鹅游弋，还有白木桥、小雕塑、叠石、石阶……简直就是处处美景、步移景异的大花园。除此之外，园内还精心安排了造型自然的茅草售花房，还设有管理服务处、儿童游乐场、小型动物园等。

别具特色的室外花展还有新加坡植物园的兰花展。在园内的林中把各种兰花布置在树下，再配以树桩、园路，浓荫蔽日，兰花幽香，一派自然景象。

（4）专类花卉造景。专类花卉是指同科同属或同一生态类型的花卉，把这种花卉按照观赏要求组合在一起的形式称为专类花卉造景，其所在的园地称为专类花卉园。专类花卉园是以植物造景为主，选择 1~2 种观赏花卉作为主体，按照其生态特性，运用配置的艺术手法而形成园林景观。适合在公园、植物园中单独开辟的园地中展览，向游人集中展示专类花卉的品种多样性和群体美，使观赏者增长知识和增强观赏兴趣。这里只介绍水生植物园和岩生植物园。

①水生植物园：是以水生植物为主体配置而成的景园。水生植物是生长在水体环境中的观赏植物，其种类和品种很多，既有低等植物蕨类，也有单子叶和双子叶高等植物。从生态上分，有宿根类，球根类，根茎类和一、二年生植物；从

形态上又分为挺生植物、浮水植物、沉水植物、漂浮植物和沼生植物等。

水生植物园多在公园中利用自然水面或修建专门的水池，其形式分为自然式、半自然式、规则式，面积可大可小，配置形式也不拘一格，可以综合配置，也可以单一配置。一般大型水生植物或观赏价值高的品种宜单独布置，如王莲、荷花、睡莲等。水生植物园中的水体最好是流动的，这样不但能保持水质清新，也能减少杂草和藻类植物的繁衍。为此，在自然式的水生植物园中，结合流水可以布置叠水、瀑布、溪流、滴水等多种水景形式。水生植物园内可分为深水区、浅水区、沼泽区。半自然式水池大部分为自然式，局部为规则式，这种水池在规则式部分还可以设喷泉、叠水、汀步等。规则式水池多结合喷泉布置，其形式更加灵活。自然式水池池岸可用山石砌筑，也可用木桩或水泥制作的拟木木桩。荷兰哥根霍夫公园内的小水面的池岸就是用木桩和木板来装饰，其效果自然和谐，是一种较好的形式。

水生植物中的挺生植物品种有荷花、菖蒲、水芋、千屈菜、芦苇等；浮水植物有睡莲、王莲、芡实、水浮莲、菱角等；沉水植物有金鱼藻、水毛茛、水马齿、羽毛草等；漂浮植物有凤眼莲、品藻、狸藻、欧菱等；沼生植物有二色鸟头、金鸢尾等。

在水池中配置水生植物，可以是单独一个品种，也可以是几个品种。但一定要把浮水植物置于中央，挺生植物栽在边缘，净水面要留出 1/3～1/2，这样重点突出，有水波倒影，观赏效果更好。为了控制水生植物的生长范围，可在水池中采用埋缸或设金属网来规范植物生长的边界，同时在北方地区还要注意防寒，对一些不耐寒的品种如王莲、睡莲、凤眼莲等在冬季来临前，要移植到温室内越冬，并注意水温、室内温度的调节，以防冻害。

②岩生植物园：以岩石以及岩生植物和高山植物为主，结合地形并配以水流、石阶、园林小品等构成的景园，也称岩石园。这种景观可展现高山、亚高山和深山中的植物及自然景观。特别是展现一些平时不多见的高山植物，更能引起人们的兴趣。岩石园多在植物园内独辟为专类园，也有在公园内独自开辟一角的。

岩石园中的岩生植物一般都具有植株低矮、生长较慢、生长期长、抗干旱抗贫瘠、较强的抗逆性、花枝招展、色彩缤纷等性质。植物材料有宿根草本植物、矮花木材、矮针叶树等，如中国松、蕨类植物、毛毡、金梅、毡杜鹃、小叶杜鹃、高山龙胆、黄报春花、洋甘菊、秋牡丹、楼斗菜、洋地黄、矮鸢尾、瓦松、白头翁、垂盆草、紫花地丁、长白婆婆纳等。

岩石园的形式主要有自然式、规则式和墙垣式，其中自然式居多。自然式岩石园要选择向阳开阔地，要有高于地面的自然山形，分为主峰、次峰、山顶、山脊、山谷，并结合地形设置蜿蜒溪流、叠水，使其有静有动、有声有色。结合山形按层次堆石，石块之间要留有缝隙，以供栽植植物。堆石形式要自然，使整个山石浑然一体。石料选择要求外观起皱自然，吸水保水性能好，具有明显纹理，以石灰岩和砂岩类岩石为好。堆石完成后，要从低到高在每个层面和石缝里配置不同类型的植物，再加上坡路石阶、曲径和溪流叠水，一座自然式的岩石园就基本完成了。

规则式岩石园多在园林一角呈台地式布置，从低到高按台阶叠成石墙，其内填土。石块镶嵌不勾缝，墙体不可垂直，应向内倾斜，石缝内充土以备栽植植物。每层高度根据总高度而定，一般不超过 60 cm，石墙要做基础，其深度应视各地冬季气温而定，以不发生冻胀的安全深度为基础埋深。

墙垣式岩石园是单独用石块堆砌的，供栽植岩生植物的石墙组成的景园。在公园一角或在有坡地的绿地上堆成单面或双面石缝充土的墙体，再在石缝中栽植岩生植物即成墙垣式岩生园。墙高 60～90 cm，其宽度不限，基础深度以不发生冻胀为宜。

用不规则的石灰岩石块层层叠砌，既自然松散，又浑然一体。在每个层面上和石缝中种满多种岩生植物，岩石和植物互相掩映，表现了岩石的嶙峋和植物的生机勃勃。在岩石园中还建有小型瀑布和溪流，加上早春怒放的报春花，更是一片春意盎然。

第三节　植物造景的施工技术与养护技术

一、植物造景的施工技术

（一）树木栽植

树木栽植是将用于公园植物造景的苗木按设计栽植在指定地点的过程。树木栽植需要艺术性和技术性相结合，特别要在施工中采取一系列技术措施，才能保证成活率和发挥植物造景的景观效果。树木栽植的主要施工技术有以下4种。

1. 选苗

根据植物造景的设计需要，选苗时在苗圃和生产苗木的单位必须根据品种、规格、姿态、健康状况进行严格选拔。选好的小苗记得标上记号，尽可能地做好消毒工作。如果在休眠季节，也可以进行塑形修剪，修剪一些生病的枯枝、裸露的树枝、交叉的树枝，在选择一些珍贵树种的幼苗后，应该用草绳绕在主树干上，这样可以避免树皮被损害。

本地或室外幼苗需要被隔离。可以种植检疫合格的幼苗，严格保护其免受疾病和寄生虫的入侵。

2. 栽植时期

树木栽植的适宜季节是在其休眠期内。这时的树木体内树液停止流动，几乎不进行新陈代谢等生理活动。在此期间，树体的移动不至造成损伤而保持高成活率。根据这一生理现象，树木栽植的适宜季节应该是早春或晚秋。北方地区由于冬季漫长而寒冷，秋植树木如养护不当，极易造成成活率下降，栽植树木还是在早春为好。

3. 栽植前的准备工作

（1）清理现场。对现场有碍施工的一切障碍物，如杂物、砖石块、垃圾、树根、建筑基础等都要清除干净。对现场原有树木，要视具体情况尽量保留。有碍造景者可移植，实在无保留价值者可伐除。

（2）整理地形。根据设计要求对施工现场的地形进行整理，也称整地。整地首先要满足树木生长发育对土壤及土层深度的要求，其次还要注重地形地貌的平、缓、凸、洼的变化，形成景观地形。"平"是指坡度不超过8°的平地，对此要深翻30～50 cm，以利保墒。然后耙平并留有一定倾斜度，以利排除过多的雨水。"缓"是指缓坡地形，其高度不超过2 m。"凸"是土山，其高度按设计要求定，但注意坡度不要超过45°，以防过陡造成水土流失。堆山的土要求是纯净土，千万不要混入垃圾或建筑废弃物，那样会造成植物的死亡。堆山的土要经过一个雨季的沉降后再栽树会更好些。"洼"是指低洼地形，多处于缓坡、土山之间，主要是衬托高地形，但要注意的是洼地不要积水，要留出排水沟。

（3）改良土壤。对公园内不适宜树木生长的土壤，通过各种措施提高肥力、改善土壤结构和理化性质，来满足树木生长发育的水分和养分需求。公园内的土壤在一般情况下都能满足植物正常生长所需的营养，只有新建公园选址在有建筑基础，或"三废"污染地段，或垃圾堆放地时，需要在清理整地的同时对土壤进行改良。其方法是清除杂物、污物后进入新土，土深视具体情况而定，一般不低于50 cm，新土的底部要施入有机肥。对土壤有特殊要求的树木要采取客土法来满足，如需要酸性土的杜鹃，可在原来原产地的土壤中栽植，也可用腐殖土、泥炭、针叶土等配成酸性土来满足其生长需要。

4. 栽植顺序

（1）定点放线。在工作的现场，用测量仪器测量每棵树的种植点，这些树是根据设计规定种植的孤植、丛植、对植，进而钉桩或用白灰进行标记。栽植地如遇有电线杆、电缆、管道时要按设计规程避开。关于种植的树木，首先确定被白灰或草绳包围的种植范围，进而确定每棵树的地点。当树木数量很多时，把确定区域划分出去，种植点的布局由经验丰富的技术人员规定。

（2）挖坑。按照树木大小，手动或机械挖相应的种植坑。挖坑这个过程很关键，一定要严格根据操作规则进行。挖坑时建议的种植点是圆的中心，根据半径的规定尺寸绘制圆，进而沿着圆的边以垂直的方式进行挖掘，一直到所需要的深度。挖掘的坑土要把表土和心土分开放置。在同一个城镇，首先需要施用有机肥料作为基础肥料，然后再用部分表土覆盖有机肥料，促进树根的恢复和发育。挖坑时需要注意的是，坑壁应垂直向上和向下，不要上下不规则的大坑和小坑。在种树之前，将一些松散的土壤回填到坑中。

栽植绿篱是挖槽，即以定线为中心向两侧画出槽的边线，其宽度和深度要根据苗木的规格而定。这里要注意的是栽植槽要呈直线，槽壁上下要垂直。

（3）起苗、运苗和假植。

①起苗：在苗圃中手动或机械挖掘选定幼苗的过程。根据树木的生存能力和大小，挖掘出的幼苗可能是裸根，而其他幼苗则需要带有土球。在裸根中，小规格落叶型幼苗可以无土，大规格落叶型幼苗必须提供保护性土壤，就是将一部分靠近主根的土壤包裹住，这能保护树木的生命。主根太长，要切割掉，切口要平滑。尽可能保留须根和侧根。常绿树木和一些难生存的幼苗必须带着土球，然后

用草绳捆扎好。扎草绳的形式有四瓣包、井字包、五角包、橘子包和木箱包装等。

至于土球的大小可根据树的规格来定，一般为树木胸径的6～10倍。

②运苗：将挖好的苗木运至栽植地点的过程。运苗分长途运输和短途运输，运输工具可为汽车、火车、飞机等。不管采用什么形式来运苗，都必须对每株苗木挂上标签，注明树种、规格、数量、发送地点等，特别是远距离托运更要挂签。长途运输必须有专人护送，以便途中检查温湿度，做好补水、通风等，避免苗木受到损伤。

裸根苗木的汽车运输，要使根部朝向车厢里面，苗木要分层装，根部相互不要挤压。每层苗木的树干最好用草片相隔以防磨破。凡树干、树根接触到的车厢部位，都要用草片包好，然后用绳绑紧固定。

带土球大树的运输，其树干要先用草绳缠好。汽车装载量要视树木大小而定，最好是少装。用吊车装卸时要轻吊轻放。装车后要用绳牵引固定，行进时要避免振动。树木的顶芽要另加树条捆绑保护好。

③假植：当初始种子不能及时种植时，应用湿土临时覆盖根部。假植的地点应选择在平坦、无窗口和阴影区域。假植法应根据可能适应初级系统的种子大小进行水平过滤，然后将种子成行排开，用土壤覆盖根部。带有土球的大树可以在平地上卸下，并用草覆盖，也可以埋在地下土壤中。水流会增加植物的水分。如果温度很高，种子应该遮阴，以防止水分过度流失影响它们的成活。

（4）栽植。种植苗木的时候要提前观察树坑是否合适。苗木的枝条、树干、根系是否符合要求，因为运输造成损伤的苗木要及时整理，使用姿态优美、健康的苗木进行种植。裸根苗木的栽植采取"一埋、二踩、三提"的方法，即先将表土回填到坑深的1/3，然后把苗木放到坑的中央进行埋土至坑深的2/3，大坑可用人踩，小坑则用木柱夯实回填土使其与根接触紧密。与此同时，边踩边轻轻向上提起树干，使根茎交接处与地面基本相平，同时也使根系不致卷曲。最后再把余土填回并踩实，沿树坑边沿做一高出地面10 cm的土埂，用锹拍实，作为灌水堰。

首先将带有土球的幼苗踩进坑中，它的高度加上土球的高度比地面低5 cm，进而把土球放在坑中心，移除包装，四周重新加入松散的土壤，填充边缘压实，直到达到深度要求，然后制作填充坝，填充水。

（5）灌溉。这是将根系与土壤连接紧密、填充土壤裂缝和确保植物生存能力的关键行动。种植后，用水浇灌树木的根部，然后用称为密封坝的细土覆盖树木圆盘，这能有效地减少蒸发，防止表面开裂。浇水后的第三天要浇第二遍水，接下来三天浇第三次水，持续浇水有利于根系吸收，使植物恢复生命，以及弥补在春季强风干燥时蒸发的额外水分。同时，在受污染地区进行水质测试，一些污染物质严重超过标准的水，不得浇灌幼苗。

（6）设置保护架。种植大型幼苗后，应设置保护架把树干锁定住。保护架使用直径为5～10 cm、长度为2～3 m的木杆，通常每棵树3根，以相等的角度分布。实践操作法是用草绳缠绕树干的支撑部分，然后将3根木杆的头部连接到树干的草绳上，杆的下部埋在地下。应注意的是，所选木材最好没有疾病和昆虫，先在火中烧烤消毒。此外，木杆不能与树干直接接触，必须用草绳隔开，以防止树木受伤。

（二）大树移植

在公园的植物造景中，由于特殊景观设计需要必须栽植大树时，则往往要进行大树移植。大树多指成年的乔木，其树姿、高度、冠幅、干径都已达到观赏要求，胸径多在15 cm以上。公园移植大树的胸径还要大，移植大树造景效果好、生态效益高、景观见效快，但是技术难度大，又十分耗费人力和物力。所以必须做好充分的施工准备和制定严密的技术保障措施，才能进行移植施工，以保证树木的成活和生长良好，达到造景设计的预期目的。

1. 移植的准备工作

（1）选树。按照设计要求，对可提供大树的现场进行实地调查，包括树种、规格、高度、冠幅、干径、树形等，然后就其中合格者进行挂牌标记。同时，对现场的土壤状况、病虫害情况、交通条件进行了解。对已选定的大树要做好立卡编号，将其最佳观赏面设定标记并摄影记录。

（2）断根处理。大树移植成活的关键是根部损伤后再生的吸收根的发育情况，如果吸收根发育得好，能正常从土壤中吸收水分保持大树水分代谢的平衡，这样就能保证大树成活，否则就会因失水而死亡。所以，为了培养再生的吸收根系，最好能提前2～3年选树。对选定的大树，以树的干径的5～8倍长为半径画一圆圈或一正方形，然后沿线向外挖宽度为30～40 cm的沟，其深度挖至50～

70 cm。挖法是第一年沿树干两侧各挖环形沟的 1/4（合起来是 1/2），第二年再用同样方法挖剩余的 1/2。挖沟时遇有直径 1 cm 以上的根本用剪枝剪剪断，使切口平滑不劈裂，同时涂抹 0.001% 的生长素（萘乙酸等）以促发新根。挖沟完成后再将土回填至沟内，并夯实灌水。

（3）枝干处理。大树移植多是要求树姿完整，所以对枝干的处理属轻度修剪，即保留大树原有的枝干，只将徒长枝、病枯枝、交叉枝和过密枝剪掉，凡剪口直径超过 1cm 的要涂蜡，保护伤口不感染病菌。移植前，要对主干进行包扎并在树干上做好南向的标记。

（4）挖好树坑。在大树移植前要挖好树坑。树坑的规格要比大树土球直径、高度都要大出 30～50 cm。坑壁要垂直，坑底要铺入沙土，以便于透气、排水和提高土温。

2. 移植的施工步骤

（1）移植适期。移植大树原则上四季均可进行，但最佳适期应选择在树木的休眠期内，即早春或晚秋季节。

（2）挖树包装。

①挖树：在移植大树的四周，将预先挖好的沟内的填土清除。由于断根后又生出了很多新根，在清除填土时要向土球外部扩大 10～20 cm 的厚度，这样能保留不少的新根。然后将土球用铁锹按深根性树种修成上大下小的苹果形，浅根性修成扁圆形或方形等形状，再进行捆扎包装。

②包装：为防止土球散裂而进行捆扎的一种措施。根据品种、规格、土球大小的不同而采用不同的包装材料。

软包装——利用草绳、草片、蒲包等软质材料对土球进行包装称为软包装。包装前先了解土球的土壤状况，如果偏黏性土壤，可直接用草绳缠绕，如是偏沙性易散裂的土壤，要先用草片或蒲包包住土球，然后再用草绳缠绕。草绳缠绕土球的形式有橘瓣式、井字式、五角式等。

硬包装——用铁皮或木板等硬质材料包装树木的土球称为硬包装。硬包装多用于土球为方形，直径超过 2 m 的大型树木。具体做法是先将土球按方形挖好，在土球外留出作业面，然后用倒梯形的四块木板围住土球，再用铁皮从上往下钉住四角，底面用木板托住并钉牢。为安全可靠，还可用尼龙绳再在箱壁和箱的上下缠绕、勒紧。这样，木箱包装就完成并可起运了。至于铁皮包装同木板基本一样，也是四块倒梯形护板加一块底板，只是板与板的连接可用螺丝固定，也可用卡子卡住。铁皮包装比较牢固，适合大型土球的包装，但重量要比木板重得多。

（3）吊运、假植。把已经包装好的大树吊装运走的步骤。先用钢丝绳在木板包装的箱体的下方处捆绑，再用钢丝绳系在大树的树干上，然后用吊车轻轻起吊、装车。树冠较大的还可在树上系一牵引绳由人掌握方向。装上车的木箱要用木方塞紧，使其在运输途中不移动。同时，凡树木接触车厢的部位都要用草片、草绳等包好，避免碰伤树木。装好车的树木要多方向用绳子固定，运输车辆要选择平坦道路缓缓而行，直至栽植现场。

到达现场后，最好能马上定植。如因多种原因不能定植时，需要就地选择平坦地势卸箱假植。假植时，在木箱四周宜培上新土，并在树冠、树干上喷水以保持地温和增加湿度。

（4）定植、养护。在大树栽植前，要按设计核对树坑位置并对树坑的规格进行检查，合格后开始栽植，栽植时要用吊车轻轻吊起，调整好朝向后落入坑中。先拆去底板，再拆掉护板，分层填土、夯实，直至填平。做好水堰后灌水，细流慢灌，灌深灌透，用土封坑以防水分蒸发。头遍水灌透后，相隔3d后再灌第2遍水，再隔7d灌第3遍水。与此同时，每天要向树冠、枝干上进行雾状喷水2～3次。

为防止树冠倾斜，要设保护架支撑树干。北方寒冷地区，宜在新植大树的北部设防风障，直至树木正常发芽生长时撤除。

（三）草坪建植

草坪即人工草地，是在经过人工整修的土地上栽种多年矮生草本植物而形成的坪状草地。草坪具有美化和观赏作用，并能为人们提供休闲、游乐、体育活动场地，是现代园林的一种标志。由其构成的开阔空间和规则式绿地在园林绿地中被广泛应用，特别是在公园的植物造景中更是不可缺少的覆盖地面的植物材料，与树木、花卉相配置，可以构成千变万化、优美动人的园林景观。

1. 草坪类型

草坪按园林用途可分为游憩草坪、缀花草坪、观赏草坪、花坛草坪、护坡草坪、专用草坪等不同种类。

2.草坪植物

草坪植物依照其对生长适宜温度的不同要求和分布的地域，可分为暖季型草坪草和冷季型草坪草。

（1）暖季型草坪草。又称夏绿型草坪草，是一种喜温暖湿润、耐寒力差、生长适温在25～35℃间的草种，如野牛草、地毯草、中华结缕草、假俭草等。

（2）冷季型草坪草。又称冬绿型草坪草，是一种耐寒冷、喜湿凉、抗热性差、生长适宜温度为17～22℃的草种，如草地早熟禾、林地早熟禾、加拿大早熟禾、多年生黑麦草、高羊茅、紫羊茅、匍匐剪股颖、异穗薹草等。

3.草坪的种植技术

（1）草坪施工基础工程。

①土壤选择：当土壤 pH 值为6～7时是播种和种植草坪的适宜条件，其中土壤沙粒占据20%～40%，黏胶不超过30%。按照这一标准，必须提升不适合草坪植物生长的土壤品质。在砂土上可以混合木炭土壤并增加有机肥料，在黏土上混合沙子。部分酸性土壤应加入适量熟石灰、草灰，部分碱性土壤应添加过磷酸钙、草炭和松土，然后在提升品质后测试土壤的 pH 值，以确定 pH 值是否达到要求。

在提升土壤品质前要按规定改造场地，还要改造地形。与此同时，土壤受到污染的，如含有酸的土壤、含酒精的化学品、石油污染、建筑垃圾、废物等，要记得移除和替换土地。还应检查含有阻碍草坪植物生长的直径超过 1 cm 的土块、石头或其他不安全因素。

②整地：在提升土壤品质时，要翻转土壤，翻转深度要大于等于 30 cm。同时，还必须耙碎土壤，使土壤层平坦致密、易于保持。

③施肥：主要应用于基质的肥料，在地下 30～40 cm，施用湿粪肥、堆肥、绿肥和人体尿液等有机肥料，以及适量的过磷酸钙，一般应用量约为 7.5 kg/m²。

④排水：在公园中，如果面积超过 10 000 m² 的平整草坪，可考虑修建地下排水沟（也称盲沟），每 25 m 一条，与公园内的排水设施相连接。面积较小的草坪，可修成 0.3%～0.5% 的坡度自然排水。

⑤灌溉：灌溉设施的安装应在恢复土壤之前完成。永久管道可埋在凝胶层下方，喷头位于地面。水源可从公园的自来水或井水中获得，也可使用来自河流湖泊的清洁水灌溉。

（2）草坪种植方法。

①播种法：用简单或混合草本植物在成形土壤中直接播种的方法。

播种前必须选择和测试种子是否发芽，合格的种子可用于播种。一般幼苗为 $15\sim20$ g/m^2，可通过摊铺或切割种植。之后，用 $0.5\sim1$ cm 的细土或细砂覆盖，在压制、浇水和水渗透到稻草覆盖的土壤上进行水合。播种后每天在稻草上喷洒一次水，大约 $5\sim7$ d 可以种植，种植后可以去除覆盖物。播种期应注意浇水、施肥、除草和病虫害控制。

②全铺路法：在苗圃中移植草坪的方法是在平整场地上，用机械或手动切割成条状或块状的草块。铺设形式为密铺和间铺。

密铺：将草切成条状或正方形，厚度（土壤厚度）为 $5\sim8$ cm，压平。种植时，处将草块铺在一个完整的平台上，间隔 $2\sim3$ cm。铺好的草块应平整并对齐，接缝应填充泥土，使其紧密连接。

间铺：对于发育良好的匍匐茎品种，撒布方法允许将草块彼此对齐，空间可以大到 $5\sim10$ cm，用泥土填充和压实空间。

种植时，用木槌敲打草块，使其与表面紧密接触，铺设后用水填充。在斜坡上铺设草块时，草块应用竹钉固定，植物成活后，应加强肥性水的管理。

③分栽法：这是一种将苗圃中的草坪分成小块以一定行间距种植的方法。该方法适用于分蘗性强的品种，其中暖季型的草本植物可在 6 月中旬至 8 月中旬种植；冷季草可在 5 月中旬至 9 月中旬种植。苗源尽量是当年的幼苗，高度大于 10 cm。

分开栽种的草本植物被切成小块，每片约 10 株，根部有土壤。种植的植物可以间隔 10 cm × 10 cm 或 15 cm × 15 cm。

④毛毯式草坪栽植法：使用塑料薄膜作为绝缘层覆盖地面并播种草坪种子，形成地毯状草坪草。此方法可以将草滚成草卷，方便种植，适合斜坡保护的区域。

⑤植生带草坪栽植法：将植物带放置在平坦地面上，并用细土覆盖以形成草坪的方法。种植前，平整土壤并填充底水。种植区域铺设后，用 $2\sim3$ cm 的细土覆盖，并通过喷水保存水分。通常为 $5\sim7$ d。

4. 草坪的养护管理

（1）修剪。这是对草坪管理的强调，因为修剪过的草坪平坦、整洁和明亮，还改善了草本植物的光线，推动了分蘖，加大了叶片密度，使杂草生长程度减弱，草坪的娱乐和装饰效果大大提升。

①修剪时间、次数：冷季型草在寒冷的春季和秋季很容易生长，因此在 4 月至 6 月和 9 月至 11 月每月剪 2～3 次，夏季炎热的 7 月至 8 月每月修剪 1 次。暖季型草则完全不一样。

②修剪高度：观赏性草坪应修剪得更多，草高度不超过 3～4 cm，使修剪过的草坪干净、平坦、装饰性高。一般草坪可以更高，但当草坪长到 10 cm 高时，必须修剪，否则装饰效果不好。

割草前小心清理草坪上的碎石，割草后及时清理废草。此外，避免在同一位置沿同一方向重复修剪多次，每次方向变化都有利于修剪。

（2）浇水。浇水是确保草坪草强劲生长的关键，因此应及时深度浇水。浇水量取决于温度、湿度、土壤条件和草的特性。

①浇水期：在生长期要多浇水，休眠期少浇水，冷季草坪 3 月至 6 月，生长期 9 月至 11 月，应多浇水；6 月至 9 月，暖季型草坪被洪水淹没，雨季可能会缩短。在炎热干燥的季节，每天早晚补水以促进草坪草生长。

②浇水方式：喷灌和漫灌。

喷灌：通过草坪上的喷头将井水或其他水源喷洒到草坪上。

漫灌：在没有喷灌设施的情况下，使用河水浇灌草坪。该方法要确保水流缓慢，避免浇灌草坪，同时测试水质，避免废水造成的损坏。

在草坪浇水中，北方的早春和晚秋需要进行浇水，以促进水分的保存。在雨季，一定要及时清除积水，防止洪水和晴天导致积水温度升高，从而"烧掉"草坪。

（3）施肥。施肥可以为草坪草提供营养，是帮助其生长的重要手段。草坪草需要氮最多，然后是钾和磷。

①肥料类型。

有机肥料：包含人粪尿、厩肥、堆肥、饼粪肥等，在腐熟后与细土按 1∶20 的比例充分混合，应作为草坪的基础肥料。

无机肥料：也是快速作用肥料，有硫酸铵、硝酸铵、尿素、过磷酸钙、磷酸铵、硫酸钾、氯化钾等。

缓效肥料：这是草坪专用肥料。它不易溶解，生育速度慢，可维持 3～6 个月。

SCU（硫黄色涂层尿素）是一种常见的慢效肥料。

②施肥时间。冷季型草有机施肥一般是在春季和初秋，暖季型草在暖季快速发育，5月和8月中旬可以施加有机肥，在生长季使用新的无机肥料施肥。

③施肥方法。

人工撒施：用规定量的肥料在草坪上手动施肥，然后用水清洗叶子。

叶面喷施：用清水稀释后，按照规定的稀释浓度喷洒肥料。优点是施肥率低且均匀，但应控制好浓度以防止损坏草坪。

④施肥量。

氮肥：观赏草坪，每年每100平方米施用5至7千克；一般草坪，每年每100平方米施用1千克。

磷肥：观赏草坪和普通草坪的施用量为氮肥的1/2至1/3。

钾肥：观赏草坪和普通草坪的施用量为氮肥的1/3至1/2。

总施肥量为每平方米5-7克，其中氮、磷和钾的比例为10：6：4。

（4）除草。

①除草方法。

人工除草：人工拔草。

机械除草：在开花前使用机器切割杂草的嫩茎和开花茎，并阻止其生长。

化学除草：经典的选择性除草剂是2类、4-D类和草坪杂草净4号，可杀死双子叶杂草，对单子叶杂草安全；西马津、敌草隆、石蜡等大部分对土壤起阻隔作用，使用后杂草生长缓慢，阻止发芽并杀掉幼苗。

②除莠剂量。

2，4-D丁酯：$0.05 \sim 0.1 \ ml/m^2$，$200 \sim 300$倍液体。

西马津：5%粉末，$0.2 \sim 0.5 \ g/m^2$，液体含量为$300 \sim 500$倍。

除草剂的效果可以在喷洒到表土中后持续6至12周。冷季草坪可在春季、夏末和初秋使用，暖季草坪在晚春和秋季喷洒。

（5）防治病虫害。

①地下害虫：有蛴螬、小地老虎、淡剑夜蛾等。使用方法包括将500倍的甲基1605胶囊液体（二硫代乳液）倒在草坪上等。

②食叶害虫：有黏虫、草地螟、叶象甲、叶蝉等。如果发生感染，叶子可以

喷洒 500 倍 BT 乳剂或 4 000 倍敌方杀灭液。

③主要疾病：有褐斑病、腐霉萎蔫病、枯萎病、锈病等。6 月之后，每月向草坪叶片喷洒杀菌剂，如 5% 多菌灵 500 倍液、福美双 800 倍液或 1 200 倍液等杀菌剂。

（6）草坪更新。

因为草坪是一种浅根植物，经过 3～4 年的播种或种植，它的地上植物和地下根都会老化，只能采用新的再生方法，从而提高根的生长潜力。有 3 种方法可以更新草坪。

①断根更新法：按照规定时间用钉子（约 10 cm 长）在草坪上滚动，将土壤固定在小孔中，修剪草根，推动水分渗透和土壤内空气循环，同时施肥并分散到新土壤中。此时，使用滚筒和耙子一起平整土壤，使用耙子清除枯草等。

②播种复壮法：每 3～4 年，可以在草坪钻孔时种植草籽，这时候添加土壤、肥料和水。

③条状更新法：每 3～4 年，在草坪上挖一条 50cm 宽、间隔 50～60 cm 的更换带。更换土壤，施肥，并在更新区域重新种植草。如果草坪中部分老化也可以采用局部创新地方法。

（四）花卉栽培

花卉是指有观赏价值的木本植物和草本植物。这里是专指能够在露地栽培的草本花卉。在公园的植物造景中，草本花卉以其种类繁多、色彩绚丽、姿态优美、栽培容易、见效较快的特点而占有很重要的位置，是美化、彩化环境不可缺少的植物材料。

草本花卉包括一、二年生花卉，宿根花卉和球根花卉。

1. 一、二年生花卉

一年生花卉又称春播花卉，多原产于热带和亚热带，耐寒力不强，春季播种生长开花，遇霜即枯死，如一串红、穗状鸡冠花、三色苋、百日草、金盏菊、金鱼草、三色堇、凤仙花等。

二年生花卉又称秋播花卉，耐寒力较强，多秋季播种，第二年春季开花，如福禄考、飞燕草、矢车菊、虞美人、美女樱等。

（1）播种及管理。一年生花卉在北方宜4月上中旬播种，二年生花卉则在9月上旬至中旬播种。

播种前，应先准备好播种床，将细培养土铺在床内，将土用细喷壶喷湿。播种采用撒播方法把种子撒在土上，然后用细土覆盖，其厚度能盖上种子即可，再用塑料薄膜覆盖在播种床上，以保温保湿，促进种子发芽。经5~7 d种子发芽后，白天可去掉塑料薄膜，以使幼苗通风透光促进生长。待幼苗长至5 cm左右时，即可间苗，即拔除病苗、弱苗、徒长苗，同时清除杂草和其他苗。当幼苗长出3~4片真叶时即可移植。移植幼苗可裸根，也可带土进行。经12次移植后，幼苗已得到充分生长并含蕾待放，这时便可在花坛、花带中定植，进行日常管理。

秋播二年生花卉，秋播后即在休眠下越冬，经冬春低温完成春化阶段，第二年春暖后生长开花。

有些直播的一、二年生花卉，将种子直接播撒在开好的沟内，覆土浇水不用移植，但长势不如移植苗。

（2）栽培及管理。

①摘心：春播小苗移植后，为促进植株分枝多、开花茂盛，提升丛生性，推延花期等，可采用修剪摘心措施，如一串红、美女樱、草石竹、藿香蓟、百日草、矮牵牛等。有些种类不适合摘心，如蜀葵、鸡冠花、洋地黄、彩叶草、凤仙花等摘心后花朵变小、花姿减色。

②施肥：可分为基肥和追肥。

基肥：利用堆肥、饼肥等有机肥作基肥，在花坛整地时翻入土中拌匀。

追肥：在花苗生长期间追施化肥，如硫铵、尿素、过磷酸钙、碳酸二氢钾等。

③中耕除草：中耕能疏松表土、减少水分蒸发、提高土温，同时还能除去杂草。所以幼苗定植到开花期间要进行2~3次中耕，其深度以不伤根为准。除草则随时进行，见草即除，而且要除小、除早，保持花坛干净，花苗生长健壮。

④去杂和清理残花残叶：在花苗生长过程中，随时要去除杂株、弱株，提高花卉品种的纯度和优良性状，清理花坛中的残花、残叶及病枯植株，并从预留的花苗中选取健壮植株予以补植，保持花坛的整洁。

⑤采种：根据一、二年生花卉的不同特性，采种的方法有摘取法和割取法。对成熟期不一致，成熟时易开裂失散种子的品种要随熟随采，如凤仙花、三色

堇、半枝莲、一串红等。对成熟期比较一致，果实成熟后不开裂、不失散的品种可一次割取采收，如千日红、万寿菊、鸡冠花等。采下的种子要充分晒干，清理干净，然后分别装入纸袋或瓶内，注明品种和采集日期，放置在通风干燥冷凉处收藏。

在公园的花卉栽培中，还要注意轮作，即在同一块土地上有次序地安排栽培性质不同的花卉，避免花卉重荐生长势弱和病虫害发生。

2. 宿根花卉

原产温带的多年生草花，地上部分的茎叶大部分在冬季枯死，而保留地下芽及根部宿存越冬，所以称为宿根花卉。宿根花卉中凡能露地越冬者称为露地宿根花卉，凡需温室过冬的则称为温室宿根花卉。这里主要是介绍露地宿根花卉。

宿根花卉的特点是一次栽植，多年生长，管理省工；种类繁多、花色丰富，便于造景应用；当年开花，移植易活，花期可以控制。这些特点都是其他花卉所不具备的，所以宿根花卉在公园的植物造景中的应用前景十分广阔。宿根花卉按其实用功能分类，可分为春花花卉，即5—6月开花的，如鸢尾、石竹、荷包牡丹、芍药；夏花花卉，即7—8月开花的，如黑心菊、金鸡菊、萱草等；秋花花卉，即9—10月开花的，如早小菊、荷兰菊等。宿根花卉的主要栽培管理要求如下。

（1）繁殖。宿根花卉以无性繁殖为主，普遍采用的是分株法，即在植株的休眠期间，将其从发芽部分连根分割开来单独栽植即可。分株的时间，凡春季开花的种类应在秋季或初冬进行分株，如芍药、荷苞牡丹等；而在秋季开花的应在早春分株，如桔梗、萱草、金光菊等。

对于发芽少的种类则用扦插法、嫁接法进行繁殖。宿根花卉也可用有性繁殖，即种子繁殖。有性繁殖要选择优良植株，人工控制授粉，结下的种子栽种后再经过细心栽培，选取具有优良性状的植株作为栽培用苗。这套工序费工费时，但科学选种会提高宿根花卉的品质和培育出新品种，这一点无性繁殖做不到。

（2）栽培管理。宿根花卉同其他花卉一样，需要常规的栽培管理技术措施，如整地、移植、浇水、施肥、中耕除草等，才能保证植株健壮生长，使其叶绿花艳，群体效果好，发挥应有的观赏价值。

在栽培管理中，必须注意做好施肥、修剪和病虫害防治等步骤。

①施肥：由于宿根花卉多年生长在同一个地方，所以容易造成肥力下降，必

要的肥力补充就十分必要。首先要结合整地施入腐熟的有机肥，宜将 1 000 g/m² 的人粪尿和 50 g/m² 的过磷酸钙（或 100～150g 骨粉）搅匀后翻入土壤下层 25～30 cm 的深处。其次，在宿根花卉生长旺盛时期施追肥。即用人粪尿、豆饼末、麻酱渣或兽蹄片放入缸中，加水密封至高温发酵腐熟后使用。施用时要用 20～40 倍清水稀释喷洒植株。为使叶片增绿、枝叶饱满，还可在肥水中加入 1% 的硫酸亚铁，按上述比例稀释后施用，效果更好。当然也可以用无机肥作追肥，但用有机肥作追肥对宿根花卉来说具有肥效长、土壤不板结、植株不徒长等优点，更为适宜。

②修剪摘心：宿根花卉通过修剪摘心可以控制植株高度、控制花期、促进花卉健壮生长，使株形美观，适时开花，提高观赏效果。

宿根花卉的花苗定植后植株达到 20～30 cm 时就可以进行修剪，以后随着植株的生长还要进行多次修剪，直至达到预想目标为止。如荷兰菊的正常花期是 8 月，当定植后植株长到 20 cm 时，于 6 月份剪掉 2/3，9 月初再轻修剪一次，这样就能保证国庆节期间花繁叶茂。再如福禄考正常在 6 月份开花，花后于 8 月份进行修剪 10～15 cm，这样在 10 月份又能开花了。

③病虫害防治：宿根花卉的主要病害是黑锈病，主要危害菊科花卉，防治方法是摘除残叶、通风透光、排除积水、喷洒波尔多液。主要虫害是蚜虫、红蜘蛛和地蚕（毒蛾幼虫），防治方法是喷洒 0.01%～0.07% 的乐果防治蚜虫；喷洒 800 倍的三氯杀螨醇防治红蜘蛛；喷 0.1% 的敌百虫防治地蚕。除了药物防治外，还要进行土壤消毒，注意及时清除病枯枝叶，创造空气流通、阳光充足的环境。入冬前要喷洒 0.8% 的石灰硫黄合剂，早春发芽前喷 1～3 次低浓度的波尔多液杀灭病菌。

3. 球根花卉

球根花卉是多年生草本花卉，其地下部分变态肥大，由茎或根在地下形成球状物或块状物，这一类花卉统称为球根花卉。

常见栽培的球根花卉有上百种，由于其适应性强、花色艳丽、植株优美，应用范围非常广泛。特别是在公园造景中，用球根花卉布置的花坛、花镜，花期长、景观效果好，特别是大面积白色块状布置的宿根花卉，加上草坪的衬托，使公园格外亮丽和清新，还富有现代气息。球根花卉中亦不乏名花佳卉，如我国十大名花中的水仙、世界四大切花的唐菖蒲、世界名花郁金香等。有些球根花卉还被有些国家选定为国花，如印度的荷花、荷兰的郁金香、法国的鸢尾、古巴的姜花等。我国有一些城市也把球根花卉定为市花，如济南市的荷花、漳州市的水仙、包头市的小丽花等，这些都说明了球根花卉在花卉园地中占有重要的地位。

（1）球根类型。球根花卉依据球根的特征可分为鳞茎、球茎、块茎、根茎和块根5种。

①鳞茎：为变形的地下茎，茎短且为圆盘状，其上生有多数肥厚鳞片状变态叶。鳞片叶内储存丰富的养分供植物初期生长用。圆盘状茎的下部生有多数细根，上部鳞片间则抽叶及花茎，花茎顶端开花，如百合、郁金香、风信子、水仙、朱顶红等。

②球茎：为变形的地下茎，呈盘状，其上有节。当其发育开花后，养分消耗尽时萎缩，球茎上部膨大生出新球取代之，如唐菖蒲、慈姑等。

③块茎：短而肥大的地下茎，呈块状，其外形不规整，块茎顶端通常带有发芽点，翌年可成长为苗。如仙客来、球根海棠、白头翁、花毛茛、晚香玉、花叶芋等。

④根茎：地下茎肥大粗长，往往具有蔓性，通常向水平方向伸展，为营养贮藏器官。根茎上有明显的节和节间，每一节上均可发出侧芽，长出侧根。如荷花、睡莲、美人蕉、姜花、鸢尾等。

⑤块根：其地下部分是肥大的根，上无发芽点，而发芽点位于老植株的茎基部。用块根繁殖时，必须带老茎上的发芽点，由此萌发新芽。如大丽花、芍药、非洲百合等。

（2）生物学特性。球根花卉由于原产地不同，其生物学特性也相差很大，所要求的生态条件也不同。

①光照：球根花卉中，除百合中的山百合、山丹能耐半阴外，其他种类都需要阳光，阳光不足则影响当年以至翌年的开花。光照时间长短与开花的关系：一般球根花卉都属于中间类型，只有铁炮百合、唐菖蒲属于长日照植物。

②温度：原产自热带、亚热带的球根花卉性喜较高的温度，一般都是春季栽植，夏热开花，秋霜地上枯死，冬季休眠，这时挖出球根贮藏于温暖处越冬。这种球根花卉也称作春植球根，如唐菖蒲、大丽花等。原产于温带的种类，性喜冷凉的气候，也比较耐寒，如果秋植，翌年春天开花，夏热即枯萎。由于秋植，也称秋植球

根，如百合中的山丹、卷丹，水仙中的喇叭水仙、风信子、郁金香等均能耐 –30℃ 的低温，但需在地面上加树叶、稻草等覆盖物保护越冬。

③水分：球根花卉在生长发育阶段在土壤中必须要有适量的水分，以满足其正常生长需要。秋季干旱会影响秋植球根根部的生长，夏季干旱则影响春植球根的生长和开花，所以对球根花卉的水分浇灌既不能使其干旱，又不能积水，要恰到好处。只要在冬眠时土壤才应该保持干燥。

④土壤：球根花卉热爱疏松、肥沃的沙质壤土或壤土。由于其根伸展较长，需表土深厚，且底层混以砂砾宜于保水保肥和排除多余水分。但铁炮百合喜稍带黏性土壤，利于充实其球根。

（3）繁殖方法。

①分株法：将球根带有 1～2 个芽的根分开栽种，如大丽花。

②分球法：在挖出新球时，按大小不同进行分级，然后依不同等级分别栽培，如唐菖蒲。

③扦插法：用球根上生出的芽进行扦插，培养成新个体。如大丽花、萱草。

④播种法：杂交育种采用此法。播种后开花时间长，再从中选择优良品种采用无性繁殖方法进行培育以固定品种特性。如大丽花、唐菖蒲、百合等。

（4）栽培管理。

根据球根花卉的生物学特性，在其栽培管理中要特别注重土壤、浇水、病虫害防治和球根贮藏 4 项技术管理措施。只有这样，才能把球根花卉培养成花大色艳、植株健壮的造景植物材料。

①土壤：栽植球根花卉的土壤要选择具有良好团粒结构的沙壤土或壤土，这种结构的土壤不仅有利于球根的膨大生长，而且排水性良好，不至积水而使球根腐烂。同时，要将土壤的酸碱度调整到微酸性至中性，即 pH 值为 7 左右。在球根栽植前，要对土壤进行全面消毒，以杀死各种病原菌、虫卵和杂草种子。常用的消毒方法是蒸汽消毒和化学消毒，其中化学消毒是用 75% 五氯硝基苯可湿性粉剂，每平方米用 3～5 g 或 90% 敌克松粉剂，将药剂撒在土壤中拌匀，再蒙上塑料薄膜让药挥发熏蒸，20 h 后拆除薄膜，晾晒 10～20 d 后即可种植。蒸汽消毒不适于大面积土地，生产上很少使用。

为增加土壤的肥力，在栽植球根前要施入有机肥作底肥，在植株生长中用无机肥料进行追肥。

②浇水：对球根花卉要适量浇水。浇水以保持土壤湿润为宜，既不干旱，又不过湿，更忌积水。对秋植球根花卉要在入冬前灌足水，以促进根系生长和芽的形成。而春植球根花卉则应在早春多浇水，以促进植株生长和开花，形成新球。但在夏季多雨季节要注意排涝，以免烂根。

浇水的水质最好是河水、湖水，如用井水和自来水要晾晒后使用。浇水的方式为喷灌、漫灌、滴灌，其中以滴灌效果最好，既能及时、均匀地满足植株对水分的需要，又能节约水量，应当大力提倡和应用。

③病虫害防治：球根花卉的病虫害主要是危害地上部分的茎叶、花和地下部分的球根。所以，必须采取生物、物理、化学等多种技术措施，把病虫害治早、治小、治了。特别要强调的是，凡外购的种球，一律实行严格的检疫制度，杜绝病虫种球的进入。

病害主要是指由细菌、真菌、病毒等危害球根茎、叶、花、根而引起的各种症状。

白粉病：危害叶、芽、花，其上披白粉，严重时导致植株枯死。可用40%可湿性福美砷600～800倍液或5%代森锌1 000倍液喷洒全株。

锈病：叶片、新梢上生锈褐色斑，可使叶、茎枯萎。用25%的粉锈宁可湿性乳油400倍液或65%代森锌可湿性粉剂500～600倍液喷施。

枯萎病：幼苗叶、大苗叶片枯干死亡。用0.5%波尔多液或代森锌800倍液喷洒幼苗预防。

灰霉病：危害植株的叶、茎、花，可用克菌丹、托布津、代森锌和苯来特500倍液防治。

病毒病：茎叶萎缩、根部腐烂，用35%甲醛或50%酒精稀释至1 000倍浸泡种球15～20 min。种球前对土壤进行严格消毒。

虫害。地上害虫主要有蚜虫、红蜘蛛、蓟马、螨类、介壳虫等；地下害虫有蛴螬、蝼蛄等。

蚜虫：主要危害叶、茎、花，可用40%的乐果或40%的氧化乐果1 000倍液喷洒。

红蜘蛛：危害叶、花，用20%可湿性粉剂800倍液喷洒。

蓟马：危害叶，使花褪色，用 50% 杀螟松 1 000 倍液或 40% 氧化乐果 1 000 倍液喷洒。

螨类：主要危害叶，喷施 40% 三氯杀螨醇乳油 1 000 倍液或 50% 对硫磷乳油 1 500～2 000 倍液喷洒叶的背面。

介党虫：危害叶、茎，用 50% 或 80% 敌敌畏 1 000～1 500 倍液喷施。

蛴螬和蝼蛄等地下害虫，可用辛硫磷 1 000～2 000 倍液喷洒或用氧化乐果、三氯杀螨醇和毒饵防治。

此外，种球贮藏也是一种方法。秋植球根的郁金香、风信子等，鳞茎成熟在夏季，挖出种球后应放在通风处晾置 2～3 d，表皮干时进行分级并分别装筐消毒。入库前 25～30 d，温度应保持在 22℃左右，相对湿度在 70% 以下，贮存期间应保持良好的通风条件，并要经常进行检查，随时剔除感病或霉烂的鳞茎。

春植球根的唐菖蒲、晚香玉等，其常规贮藏库要通风、干燥、不结冰，适宜温度保持在 1～5℃。可用架贮、盘贮、袋贮等多种方式，但都要离开地面，以悬空为好。

二、植物造景的养护技术

俗话说"三分栽，七分管"，讲述了造景植物种植后的维护管理十分重要。公园内的树木、花卉和草坪按照设计进行设置，创造出不同的美丽园林景观。因此，种植的陆生植物不仅要生存和生长，还要通过维护和管理从其外观、颜色和群体位置中受益，以便让游客赏心悦目。

养护管理要基于造景植物的生物学特性，掌握其生长发育规律，并将其与现场的环境和生态条件相结合，形成切实可行的技术方法，以确保造景植物的健康生长。由于草坪、花卉的养护技术已分别介绍过，这里只介绍树木的养护技术。

（一）灌水与排水

树木要想成活和生长，水特别重要，所以灌水与排水是树木养护管理的重要技术措施。

灌水要结合树木的生长状况进行，分为生长期灌水和休眠期灌水。树木在生长期内的早春要及时浇水，这样土壤中的水分就能及时补充。在树木展叶和花前、花后都要结合气候状况，除雨季外要进行多次灌水，以便为树木提供足够的水分，使其花繁叶茂、枝干健壮、硕果累累。北方地区从3月下旬开始至10月中旬，除7—8月雨季外，视天气干湿情况每月都要灌水，以保持土壤湿润。在树木进入休眠期以前也要灌水，即秋末冬初时，要灌一次封冻水，这对于北方地区尤为重要。冬灌可防止翌春干旱，同时对当地引入的边缘树种、越冬困难的树种和幼树等提高越冬能力十分有利。

通常的补水方法是沟渠灌溉、穴灌等。沟渠灌溉是挖掘沟渠将水引到树根中；穴灌包括通过树根圆盘内的管道人工注水。穴灌高效节水，不损害土壤，可操作且灵活；缺点是需要更长的管，这需要劳动力。较先进的注水方法是滴灌，这种方法高效节水，不需要人工成本，但需要投入设备和在整个花园内布置管道。

浇水时也要考虑排水，公园的排水方式主要是开放式排水沟、暗排水沟（例如，大草坪需要"盲排水沟"）和土壤排水。

（二）施肥

1. 土壤施肥

要依据树木的根系分布特点来进行施肥，这样可以更好地发挥肥料的作用。通常把肥料放在距离根系集中分布层稍深、稍远的地方，这样能促进根系向纵深扩展，进而长成强壮的根系，从而增加吸收面积，提高吸收能力。具体施肥的深度和范围与树种、树龄等有关，如油松、银杏、国槐等树木，根系大而深，施肥宜深，范围要大。而刺槐、京桃、杨树等浅根性树木，施肥要浅。幼树、花灌木等根系浅、范围也小，施肥要浅而少。施肥的种类主要有基肥和追肥，基肥宜深施，追肥宜浅施。具体方法有以下4种。

（1）环沟施法。在树木休眠期内，靠着树木树冠投影的外缘，挖宽30～40 cm、深30～40 cm的环状沟，将肥料均匀撒入沟内，然后用土填平。

（2）放射沟施法。以根基为中心，向外挖成放射状沟，每株开3～6条分布均匀的沟，施入肥后填平。

（3）穴施法。在树冠投影范围内，挖3～6个直径30 cm、深为30 cm的施肥穴，进行施肥后填土。

（4）全面施法。将树冠下根部表土全面翻起并施入肥料，其上覆土。

2.根外追肥

根外追肥也叫叶面喷肥。这种施肥法比土壤施肥省工省肥，发挥肥力快，可满足树木的急需。但不可代替土壤施肥，由于施肥量小，不能提升土壤品质和推动根系生长，所以只是土壤施肥的补充。主要做法是将配制好的可溶于水的化学肥料用喷灌设备喷洒在叶子表面，通过叶片吸收利用。

（三）中耕除草

公园里，在树冠投影下的树盘内，可以结合施肥每年犁一次，以避免形成土壤斑块并增加其透气性。时间最好是早春、深秋，深度约 20 cm，以免伤害根系。清除杂草、缠绕类藤蔓，为树木提供适宜的生长环境。小乔木和开花灌木每年可生长 2～3 次，大树每年可种植 1 次。如果公园内已用草坪全面覆盖，可结合草坪打洞来对土壤进行疏松透气和施入有机肥，打洞次数每年 1 或 2 次均可。

（四）整形修剪

树木通过修剪和整形可以均衡树势、促进生长、培养树形、减少病虫害、提高树木的成活率和延长树龄，以此满足观赏要求，达到美的效果。

1.修剪形式

（1）规则式。把树冠剪成各种几何形状，如圆头形、伞形、圆柱形、圆锥形、螺旋形及动物造型。合适的树种有五角枫、龙爪槐、桧柏等。

（2）自然式。保持树木原有的自然形态，只是对多余的枝干进行修剪的一种形式，如垂柳、国槐、水杉、油松等。

（3）人工式。为满足人们观赏和树木生长需求，在自然的基础上依据人的想法修剪的一种方法。主干弱或无主枝的一些树种适宜这种方法，如红瑞木、丁香、连翘等。

①杯状形：主干不明显，侧枝发达呈杯状，如京桃。

②开心形：无主干，侧枝形成半圆形中空开张树冠，如悬铃木、果树类。

③丛生形：主侧枝不明显、枝条比较细弱而根蘖力强、高度不超过 2 m 的树木，如连翘、丁香、榆叶梅、山梅花等。

④匍匐形：对于自然铺得的树木的整形，如爬地柏、沙地柏、鹿角桧等。

⑤棚架形：对于藤本植物的整形，如紫藤、山荞麦、葛藤、南蛇藤等。

2.修剪时期及注意事项

（1）修剪时期。对于乔木类树种宜在休眠期内进行以整形为主的重修剪，在生长期内进行以调整树势为主的轻修剪。而花灌木和萌蘖力强的树种可在生长期内进行整形或调整树势的修剪。

（2）注意事项。①修剪用的剪刀、锯等工具一定要锋利，修剪的剪口要平滑整齐，防止劈裂；②修剪的剪口直径超过2 cm时，要涂抹防腐剂或蜡，以防病菌侵入；③修剪下来的病枯枝要集中焚烧，防止病菌蔓延。

（五）病虫害防治

公园绿地的植物环境与一般绿地环境不同，它的主要特点是树木种类多，其中有灌木、常绿树木、落叶树木；植物种类多，其中有树木、花卉（包括露台和温室花卉）、草坪；游客人数多且流动；城市的热岛效应也反映在公园中。在这些特点中，除树木品种多，使营养结构复杂、生态系统稳定，致使昆虫的食物受到限制，抑制其数量外，其他特点都对植物病虫害的发生、发展起到了促进作用。加上引入树木的检疫不严、人流的传播、城市温度的升高、防治困难等因素，还是造成了公园中树木病虫害的发生。为此，对公园内树木的病虫害要在认真调查的基础上实行科学的防治。

1.病虫害种类

（1）害虫包括以下2种。

①食叶性害虫：槐尺蠖、卫矛尺蠖、刺蛾类、黏虫、油松毛虫、舞毒蛾、黄褐天幕毛虫、美国白蛾、松大蚜、吹绵蚧、花蓟马、榆牡蛎蚧等。

②蛀食性害虫：光肩星天牛、臭椿沟眶象、木蠹蛾、松梢螟、白杨透翅蛾、杨干象、青杨天牛等。

（2）病害包括以下2种。

①叶部病害：毛白杨锈病、苹果锈病、杨树黑斑病、黄栌白粉病等。

②干部病害：杨树腐烂病、杨树溃疡病。

2.防治方法

（1）药物控制。根据药物原料可分为化学药物，如氧化乐果、托布津、敌百虫、杀螟松等；草药，如金银花、烟草等；微生物药物，如霉菌制剂、BT乳液（苏云金芽孢杆菌乳液）等。

（2）生物控制。使用害虫的天敌害虫和捕食者来控制害虫，如红蜜蜂寄生的角豆卵、猎杀幼虫的蝠鲼等。使用 BT 乳液控制黄蛾、美国白蛾等。还有鸟类预防、人工悬挂巢的鸟类繁殖，如灰喜鹊、麻雀，猎杀寄生虫等也是一种非常有效的方法。

（3）物理控制。在公园内悬挂夜灯或使用烟雾、熏蒸杀死害虫。

（4）人工控制。在害虫特别多的时候，也可以进行人工抓捕。同时，该方法与病死树枝修剪、除草施肥等相结合，可增强树木的潜力以对抗病虫害。

（六）其他养护技术

1. 防风

在多风的地域要避免枝干折断，方法是在休眠期修剪疏枝减少阻力，还可以设保护架支撑树干不被刮倒。

2. 防压

一些大树的叶子很多，很容易使枝干下垂，碰到风雪时极易折断，尤其是雪压会给常绿树带来很大的损伤。为此，对一些观赏价值高的大树要采取顶枝和吊枝的办法保护枝条，在大雪压枝时要用人工将雪除掉，以防压折。

3. 防冻

一些观赏价值比较高的边缘树种，在刚栽种的几年内要在它的北部建立防风障，并在它的干部绕草绳，在根部放上草。为防日灼，冬季来临前，要对一些树木的干部涂白，避免树干冻裂。

第四节　古树名木的养护管理

古树是指百年以上的大树。名木则是在科学或文化艺术上具有一定价值、形态奇特或珍稀濒危的树木。古树是园林中的瑰宝，也是悠久园史的佐证，被誉为"活的文物"。至于具有社会影响的名木，如黄山迎客松，其本身极具观赏价值，也是宝贵的文化财富。所以，保护好古树名木不仅具有历史意义，也具有文化和科学方面的意义，加强对古树名木的保护管理可以使其延长寿命和健康生长。这项工作十分重要，重点是做好两方面的工作。

一、准备工作

（一）实地调查

对分布在公园中的古树名木要进行现场逐一调查，了解其生长发育状况及环境生态条件。对于生长势衰弱和衰老的树木要做深入的调查研究，探求原因，找出对策。对于古树的衰老要做具体分析，首先要查资料找出该品种最长寿的树龄记录，对照本园古树的树龄确定其生长阶段，如果其树龄接近长寿树龄的记录，说明这株古树已完成了整个生长发育阶段，如果树龄还相差很大，说明衰老是不正常的，需要进一步加强养护。其次要了解古树名木的环境生态条件。由于公园内人流稠密，土壤被严重践踏或铺砌，导致土壤密度过高，透气性降低，影响树木根系气体的交换和水、肥料的吸收，随着时间的推移，削弱了古树的生命力，导致其老化和死亡。再次，疾病和害虫的威胁。由于古树规模巨大，加上公园游客的集中，给防治工作带来了巨大困难，导致病虫害防治不力，并导致古树的衰弱。最后，城市环境的污染，污染物质长期侵入古树，也会导致其弱化。

（二）建档挂牌

在公园里，对每一株古树名木都要仔细观察，做好记录，建立树木档案。档案内容包括树种、树龄、树高、冠幅、胸径、生长势、生长地的环境条件（土壤状况、肥力、地被、污染情况等）以及已经采取的养护技术措施等。对每株树都要拍摄彩色照片制成幻灯片存档。另外，按树木的珍稀濒危程度和观赏研究价值进行分级养护管理，对重点树木要强化管理。

除建立树木档案外，还要对每株古树名木编号挂牌，并绘制详细的树木分布图，做到图牌对应，便于查找。

（三）专人专管

古树名木的养护管理是一项长期而艰巨的工作任务，必须组织专人管理才能有效。所以，公园可根据古树名木的数量配备相应的技术人员，实行专人专管，并应单独或联合科研部门开展科学研究。除此之外，还要有资金上的投入作为保证。

二、技术措施

古树名木大多为长寿树种，由于受到人为和自然不利因素的损伤而衰弱早亡。所以，在古树名木的生命期限内采取一些科学的养护管理措施，对其健康长寿是有效的。具体的技术措施可分为地上和地下两部分。

（一）地上部分

（1）设避雷针。凡超过 10 m 高的大树都要请专业人员架设避雷针，避免雷击造成损伤。

（2）修补树洞。对树木上出现的孔洞要先清理干净，然后消毒，再用水泥、白灰、填充物将树洞填实抹平。填充物和树皮间要用胶质物封闭，避免渗水后腐烂。大型孔洞的外表面最好也塑成和树皮一样的纹理，并涂上颜色以假乱真。

（3）设保护架。对一些枝叶密集而受重力下垂的枝干和倾斜的树干都要用保护架支撑。保护架可选择木质或铁质的材料，但保护架和枝干接触的部位要用草绳隔开后捆绑，避免摩擦损伤。

（4）合理修剪。在保持完整树形的前提下，对古树名木上的病枯枝、过密枝、徒长枝等要进行合理修剪。

（5）铺装通气砖。在古树名木下，如允许游人接近时，可在树下铺装倒梯形的通气砖，这样既能使游人近前观赏，又能保持地面不被踏实，是比较有效的方法。

（6）树体喷水。在古树名木生长期内，特别是在炎热的夏季，选择早晚凉爽时对树木进行通体喷水，这样做既能增加环境的湿度、补充树木的水分，又能清洗树体上的灰尘污物和减少危害树木的幼虫等。

（7）靠接伤口。当古树名木树干发生纵裂伤口不易愈合时，可在伤口近旁种植同种树木，然后靠接在大树树干上，借助小树的营养供给帮助大树愈合伤口，同时也能部分补充大树的营养。

（8）防治病虫害。对枝、干、叶上的病虫害要经常检查，一经发现要及时采取各种有效措施予以消灭。特别要做到早防治、早发现、早消灭。

（二）地下部分

（1）松土通气。为了改善古树名木根部土壤的通气性，可在树冠投影下深翻松土。平地翻土深度 40 cm 左右，山地可酌减。也可在古树名木周边挖通气井，挖深 1 m，四壁用砖砌成 40 cm×40 cm 的方洞，洞口用树枝盖顶。也可用预制的带有孔洞的水泥管垂直埋在树木周围，以提高根部的通气性。

（2）砌池埋枝。对公园中一些一级保护的古树名木，为避免游人靠近，可围绕根部砌筑方形或圆形树池，其大小可参照树冠直径而定，砌墙高度应不低于 40～50 cm，砌筑材料用砖或石块。砌好后，在树池内填入高 10～20 cm 的好土，并挖一些垂直洞，里面插满捆扎好的树枝。池内还要铺满草，这样的树池既能防人践踏，又便于施肥、浇水、通气等技术管理。

（3）换土施肥。对公园内树龄高的树木，由于其长期生长在一个地方，土壤肥力有限，常常呈现缺肥症状。为此，应有计划地将一些老龄树下的旧土，结合施肥换入营养比较全面的好土。根据树种的生物学特性换入不同类型的土壤，对古树复壮大为有益。对有污染的土壤这种办法更为有效。

（4）理化测试。每年都要坚持对树木生长地的土壤进行理化测试。如物理测试其土壤容重、总孔隙率、氧化性（用氧化还原电位 Eh 表示）、颗粒组成等，由此判断土壤的通气状况、土粒风化分解和微生物活动情况。通过化学测试可以了解土壤中氮、磷、钾和微量元素含量以及有毒物质含量，以此判断土壤的肥力状况及污染情况，从而可以决定对土壤应采取的技术措施，进而提高土壤的肥力。

（5）施入生物制剂。用农抗 120 和稀土制剂灌根，会促进根系生长量明显增加，增强树势。

第四章 城市公园的价值

本章主要介绍城市公园的价值，主要从四个方面进行了阐述，分别是城市公园的资源价值、城市公园的格局价值、城市公园的"颜值"价值、城市公园的改造价值。

第一节 城市公园的资源价值

在改善民生、提升市民生活质量和幸福指数方面，城市公园的价值是有目共睹的。在城市的现代化发展中，公园对城市价值的提升也在发挥着越来越大的作用。公园能够涵养地区生态功能、提升城市价值品质、塑造城市鲜明特色、锚固城市形态，已成为现代大中小城市必不可少的公共基础设施，成为现代城市居民生活中不可或缺的组成部分。

每个城市都有自己独特的资源禀赋，包括自然形成的地形地貌，山川、河流、湖泊的分布，历史文化遗存的馈赠，这些就像是一座城市自带的基因，是其他城市无法比拟也无法复制的。我们的城市管理者如果都能意识到这一点，通过科学的规划，把这些宝贵的资源保护好，就是保存了城市最为独特的核心价值资源和战略性资源，就是塑造了城市最鲜明的特色，就是为后人留下了最为珍贵的记忆。

城市的核心价值资源和战略性资源首先是大海、湖泊、河流、滨水区域。无论是古代还是现代，中国还是其他国家，"临水而建、逐水而居"都是一个最好的选择。滨水区域对城市建设的价值巨大。但滨水空间是供私人占有，或建封闭的住宅区让单户或一部分人独占，还是建成开放的公共空间？现代城市规划当然要把滨水空间作为公共空间，通过建设滨江公园、滨海公园，既保护了这些城市核心价值资源，又塑造了城市特色。如果不建公园、不建公共空间，这些黄金地带迟早会被商业开发侵占。

城市的另一个核心资源是山丘。在过去十几年城市新区的建设浪潮中，通行的做法是"七通一平"。"七通一平"指的是土地在通过一级开发后，使其达到具备给水、排水、通电、通路、通信、通暖气、通天然气或煤气以及场地平整的条件，使二级开发商可以进场后迅速开发建设。"七通"必不可少，"一平"值得研究。如果我们把城市土地都推平，把山炸掉，固然有利于快速建设，有利于土地出让，但与河流不同，一个山丘的形成是几亿年地质运动的结果，地形凸出的山丘也决定了周边的水系组成，把山丘炸掉，是对城市核心价值资源不可逆的伤害。我们完全可以在山丘周围建公园，把它保护起来，让它成为城市"绿肺"、市民的公共活动空间，成为城市的永久财富。

文化遗产也是一个城市的核心价值资源。保护遗产、发挥遗产的作用，除了要保护维护好遗产点外，还要建立遗产缓冲区，就是在遗产点周边建设公园，既防止了现代建设对遗产的可能伤害，又保护了遗产周边环境的原真性，把文化遗产转化为公共文化空间，更好地发挥遗产的作用。

规划区的中心区域也是一个城市的核心价值资源和战略性资源。一个城市、一个片区的中心肯定是一个城市价值最高的地方，把这个地方划出来建公共空间、建公园，不仅保护了这一核心价值，也带动了周边价值的提升，甚至提高了整个城市的价值。

实践证明，通过建设城市公园保护城市核心价值资源，能够塑造城市鲜明的特色。因为核心价值资源被保护起来了、彰显出来了，这就形成了一座城市的特色。纵观世界上的名城，在塑造特色、打造经典时，都是首先把城市的核心价值资源保护、凸显出来，围绕这些核心价值资源做规划、搞建设。对大自然鬼斧神工的敬畏、尊重与利用，是城市规划巧夺天工的前提、基础与保障。从这个角度去考虑城市规划，应当事先辨别、界定城市的核心价值资源，通过公园将其建设成为公共空间并将其保护起来，然后再考虑周边建设的区域和组团，考虑如何通过道路将各组团连接，如何建设水、电、气、管网等各项基础设施。从这个意义上讲，不是我们人为地去规划建设一个什么样的城市，而是大自然允许我们去规划建设一个什么样的城市。城市特色除了建筑特色外，主要是城市形态，城市形态不是人为塑造的，而是自然天成的。

现实的情况是，城市空间急需扩张的现实要求与建设用地资源短缺的矛盾冲突，导致破坏城市核心价值资源的现象日益严重。在许多城市中，成群成片的高楼大厦如雨后春笋一般，正不断蚕食着那些原本与山川河流自然脉络相互依存的人居环境，城市公共自然资源、开放空间正不断被侵蚀，有的甚至被侵占、被私有化。有的城市热衷于开发"江景房""山景房""湖景房"，由于凸显了江景、山景、湖景这些"大卖点"，房子卖得很火。问题是这样一来，那些原本属于所有市民共同拥有的自然景观资源，就成了少数人专享的私有财产。

位于云南大理市郊的洱海，是云南第二大淡水湖，因山水相依、风光旖旎而名扬天下，被称为"群山间的无瑕美玉"，是大理的核心价值资源。然而，随着当地旅游业的快速发展，洱海环线客栈、饭店逐年增多，不仅严重影响了洱海的自然风貌，而且对水体造成了污染。据《中国青年报》报道，2017年初，由于大量的生活污水排放，洱海部分水域集中暴发蓝藻，汇入其中的河道干涸。为了拯救洱海，大理州政府发布"洱海最严禁令"：将洱海主要入湖河道两侧各30米、其他湖泊周边50米以内范围，划定为洱海流域水生态保护区核心区，禁止新建建筑物，禁止新增客栈、餐饮酒店等经营场所。通过大力整治，拆除违章建筑9万 m^2，关停客栈、餐饮酒店2 498家，在核心区及周边生态隔离带，共建成湿地19 790亩（1亩约为667 m^2）。这些举措受到了当地居民的欢迎，他们纷纷表示支持洱海保护，因为这是他们的"母亲湖"。

保护城市的核心价值资源，最好的办法是科学规划、未雨绸缪、先行保护。在扬州市广陵区和江都区之间，有一片叫"七河八岛"的区域。淮河入江水道的七条河流，将这里分割成八座岛屿，形成了"七河八岛"十里长廊生态奇观，是一处国内罕见的生态自然湿地。2011年，扬州部分行政区划调整后，江都撤市设区，这一带成为扬州城市的中心区域。一些开发商闻风而动，他们都看准了这块地方，因为这里将来是高铁站所在地，是城市市中心，而且环境很好，风景绝佳，如果能在这里开发高档商品房，肯定很抢手。

是追逐眼前利益，还是维护城市的整体利益和长远利益？我们坚持生态为先、保护为先，不是规划这儿要建设什么，而是先立法确定这儿不能干什么，哪些地方不允许建设。2013年7月，扬州以市人大常委会决议的形式，在"七河八岛"区域实施"四控一禁"，即控高（建筑高度）、控强（开发强度）、控宽（水体与廊道宽度）、控污（污染排放）、禁止新增违章建筑，对该区域进行严格保护。"四控一禁"的严格实施，对"七河八岛"这一城市核心资源起到了积极的保护作用。2013 年至 2017 年的 5 年内，在全国房地产市场持续升温的情势下，这一区域没有出让一宗土地，也没有大张旗鼓地搞开发建设，而是先后建成"生态之窗"体育休闲公园、跑鱼河文化公园、廖家沟城市中央公园等近 10 个城市公园，从而为未来中心城市绿色发展积累了一笔宝贵的财富。

这么多年，我们注意到这样一个现象：当一个地区提出兴建公园时，基本上不会有人站出来反对，而当城市公园建成之后，人们又极少再将它恢复为建设用地或商业用地。公园已成为政府能够为市民提供的最公平、最优质的公共产品，成为最受城市居民接纳和欢迎的公共空间。公园是一座城市的"绿色银行"、永恒资产，是城市的"传家宝"。公园既保护了城市的核心价值资源，同时它本身也成了城市的战略性资源。

第二节　城市公园的格局价值

在过去很长一段时期内，道路是城市开发的基础和前提条件。城市建筑沿路而建，道路形成了城市的基本格局。今天，城市公园成为城市规划中的重要基础设施。大大小小的城市公园散布在城市的各个区域，这可以形成绿地环绕或楔入城区的空间格局，从而防止城市的盲目建设和城区无休止地扩张，有效地保护城市规划应有的刚性。从这个意义上讲，城市公园体系就像是绿色铆钉，牢牢地锚固了我们的城市形态。

在我国的城市规划中，有生态保护红线、城市开发边界、永久基本农田红线等。对于一座城市而言，随着时代发展和需求的变化，规划可能会作出调整，"红线"也有可能会失去刚性的约束作用。但是，如果我们有了完善的城市公园体系，情况就大不一样了，因为公园搬不走、移不动。在锚固城市形态方面，公园发挥着独特而重要的作用。因为这些公园为市民提供了宝贵的公共活动空间，已经成为他们日常生活的必需品，是所有人的财产，由此成为永久性的城市不动产，得到人民群众的自发保护。如果想把公园改作商业开发，首先老百姓就不会同意。

除此之外，公园也成为人们监督周边建筑规划的一个平台。人们天天去公园，周边的建筑哪儿建高了、哪儿容积率超了，一看就明了，客观上起到监督作用，这成为公园对城市形态管控的另一个方面。在这方面，日本的做法很有启示意义。在日本，一座城市在开发新区之前，通常先建城市公园，然后在公园旁边建一座塔，形成城区的一个制高点，实际上也是一个监督平台。市民站在这个塔上，就能很直观地看到城市的建设，监督城市规划的实施，城市管理者就不能胡作非为。扬州也借鉴了这个做法。在扬州未来城市中心的廖家沟中央公园里建了一座万福桥，两端利用斜拉桥的特点建了两座桥头堡，形成城区的制高点，有 100 m 高。到公园休憩健身的市民站在桥头堡上，可以鸟瞰扬州城区，哪里在拆建、哪里在修路、哪里在建公园，一览无余。这样做就是主动接受老百姓对城市规划和城市格局的严格监督，只有让老百姓天天看、天天监督，才能把城市格局真正地保护起来，并永久地把它保留下去。

从过去的"道路先行"，到现在的"以园定城"，城市公园已经从原来"填空"的位置上升为城市规划的重要引导性因素，以及城市竞争力的重要考核因素。稳定的城市公园体系构成了城市绿色空间的边界和底线，成了锚固城市形态的"绿色铆钉"。

公园本质上是一个公共空间，一旦建成，难以轻易改作他用。但是，从另一方面说，公园在某种意义上也是为城市未来发展留白，赋予城市规划一定的弹性。当城市发展到相当能级，人口规模扩张到相当层级，势必打破原有的生产、生活、生态三者的平衡关系，对适度压减公共空间以满足生产、生活需要提出要求，在此特殊情况下，只要把公园里的树挪一挪、池塘填一填，就还可以盖大楼。由此，公园建设用地又体现出有限程度的可逆性。[①]

第三节　城市公园的"颜值"价值

过去，人们评价一个城市的"颜值"，主要是看它有没有优美宜人的风光、整洁美观的市容市貌，而现在，大大小小的公园已经成为评价城市"颜值"的重要因素。这些公园就像是镶嵌在城市里的一颗颗闪亮的珍珠，它们是繁华喧嚣中的"世外桃源"，是一座城市的精神凝聚，也是一座城市文化品格的延续。透过

---

① 谢正义:《公园城市》，江苏人民出版社 2018 年版，第 146—151 页。

城市公园这种外在表现形式，人们看到了城市里的一种生活态度，一种优雅的栖居方式。

放眼一座座令人向往的世界名城，每个城市都有着优美迷人的城市公园。纽约的中央公园是纽约这座繁华都市中的一片静谧休闲之地，是纽约的"后花园"；巴黎的卢森堡公园有着古典文艺的风貌，是巴黎市民慢跑的好去处；伦敦的海德公园有着蜿蜒的小径和别致的蛇形湖，是市民和游人喜爱的地方。形象鲜明、功能多样的高质量城市公园往往能成为一个城市文明和繁荣的标志。

历史上，扬州就是一座"颜值"很高的城市。"腰缠十万贯，骑鹤下扬州""故人西辞黄鹤楼，烟花三月下扬州""天下三分明月夜，二分无赖是扬州"。扬州这座千古名城曾经占尽风情，是富庶、繁华的象征。如果说过去扬州的美主要靠的是众多的名胜古迹和星罗棋布的私家园林，那么今天的扬州，随处可见的公园已经成为该市的"颜值担当"（图5-3-1）。

图5-3-1 扬州

几年前，有一位摄影记者来到扬州，制作了一段航拍扬州的纪录片。片子拍完后，这位记者很有感慨地说："扬州是一座经得起航拍的城市。"航拍会让一座城市"现出原形"，航拍也最能看出一座城市的空间布局。扬州城区有两百多个大大小小的公园，这些公园均匀地分布在城区里，街区有绿地的点缀，甚至被绿色所环绕。如宋夹城体育休闲公园、蜀冈体育休闲公园与美丽的瘦西湖相互依傍，又毗邻绿荫似海的蜀冈风景区，大片大片的绿地中间，是星星点点的古建筑群；碧波荡漾的古运河畔，占地3 300多亩的三湾公园，北接文峰寺，南接高旻寺，以古运河为轴线，形成一条气势磅礴的绿色生态长廊，独具地方特色、富含古城历史文化底蕴的剪影桥和凌波桥横跨在古运河上；在城区的公园中，醒目的步道两旁树成林、花似海，又有堆山叠石、亭台轩榭点缀其间。公园就像一串串绿色的翡翠一样装点着这座千年古城，让它散发着无穷的魅力。

第四节　城市公园的改造价值

随着扬州的城市公园越建越多、进公园越来越方便，积极运动健身的市民也越来越多。久而久之，打牌的人少了，打球的人多了；沉迷于酒场的人少了，投身于球场的人多了。市民不仅身体素质好了，精气神也高了；邻里之间相约健身的多了，纠纷吵架的少了；人与人之间的交流多了，宅在家里的人少了。到家门口的公园休憩健身，到家门口的书房读书看报，已成为扬州市民的日常生活习惯。可以说，公园不仅增强了扬州市民的体格与体质，而且提升了这座城市的品格与气质。

打造"健康中国"对一个城市来说，要从满足人民群众最基本的生活需求做起。健康中国之健康城市，应当分为三个层面。一是要提高人民群众的基本生活质量，让每个市民喝上放心水、吃上放心菜、呼吸上新鲜空气。人身体的70%以上是由水组成的，水是生命之源，喝上干净水是健康的前提。"一边喝脏水，一边挂盐水"，不是真正的健康。扬州用了5年时间实施农村区域供水工程，让城乡居民全部喝上经大水厂处理得干净的长江水、运河水，一年后农村居民肠胃病患者减少70%，两年后结石病患者开始大幅下降。不仅如此，由于一天24小时不间断稳压供水，农村人也可以像城里人一样用上洗衣机、热水器和抽水马桶，卫生水平显著提高，老百姓开心地说："小康不小康，还要看老乡在哪儿上茅缸

（厕所）。"世间万物，能够进入人身体的无非空气、水、食品和药品。前三种是健康之基，是主动积极的健康，而后一种是被动、干预的健康，所以要把食品安全、饮水安全、生态安全作为健康城市最重要的根基。二是要抓体育锻炼和休闲养生。"生命在于运动""饭后百步走，活到九十九"，健康在于预防，在于"治未病"，而锻炼休闲首先要有场所。三是确保必要的医疗保障和生命救护系统。

公园给城市带来了活力，也带来了健康。近几年，扬州全市体育人口每年增长 5 万人，比例超过 40%，高于全国平均水平。2015 年，扬州居民年住院率、慢性病发病率分别低于全国 2.4，6.4 个百分点；2016 年，全市居民人均期望寿命达 79.15 岁，较江苏省居民人均期望寿命 77.51 岁高 1.64 岁。近几年，扬州的棋牌室减少了 40%。据江苏互联网协会统计，2017 年扬州人均周上网时间比全省少 2.8 小时，比全国少 1.1 小时，比 2015 年少 3.9 小时。不少市民表示，通过到公园锻炼、健身，腰围、体重都有了明显下降。可以例证的是，主城区东关街的一间男裤店，卖得最多的男裤的腰围从二尺七降到二尺五。"三高"疾病有所好转，市民体质大为改善。不少城市的医保基金都紧缺，但扬州的医保基金还有结余。

这些年，扬州在把城市最美丽、交通最方便、价值最金贵的地方拿出来建公园的同时，还在城市最繁华、交通最方便、离老百姓最近的地方，建成了 20 多个"24 小时不打烊"的城市书房，推动市民在"动起来、乐起来"的同时，进一步"文起来"。很多城市书房就建在公园边上，或者就建在公园里，花香与书香相得益彰。随着城市公园和城市书房建设的推进，扬州初步形成了"半城公园半城书"的城市面貌。

笔者常想，我们的孩子为什么有那么多戴眼镜的？除了我们以考试升学为中心的导向外，另外一个原因就是对体育重视不够，特别是对室外体育的重视不够。体育的作用不仅仅是强身健体，还有培养意志和合作精神，培养尊重对手和尊重规则的品格，特别是让孩子到大自然中去锻炼，有利于城里的孩子增加野性，既接地气、长体魄、虎虎生威，又培养孩子对自然、对生命、对运动的热爱。"小眼镜"多，主因有二，一是近距离长时间用眼，二是缺乏户外活动。前者除了作业多，还有就是孩子经常用电脑、玩手机；后者主要是因为我们的公园少，孩子随时可去的公共活动空间少。小小年纪的学生为什么会有抑郁症？许多学校为什么开设心理辅导室？这在一定程度上也与不够重视体育有关。中央教育工作会议提出要树立"健康第一"的教育理念，要求开多开足体育课，帮助学生在体育锻炼中享受乐趣、健全人格、锻炼意志，这确实对青年一代的成长至关重要，是民族大计。

公园对于青少年的成长意义重大。孩子们在公园里跑着跑着，慢慢就长大了。如果城市公园多了，孩子们每天到公园去走走，亲近自然，接触一些有趣的人和事，这会成为他们童年美好的回忆，这种记忆将会伴随他们的一生。从这个意义上讲，城市公园可以让孩子从小就能得到真善美的启蒙。另一方面，孩子们每天在公园里奔跑嬉戏、运动健身，就会在不知不觉中锻炼体魄、涵养性格。公园使孩子们的身体更强壮、眼睛更明亮、性格更开朗。现在，手机、电脑正在损害青少年的视力，全社会都在呼吁保护青少年的眼睛。但是，孩子们不玩手机、电脑，又让他们到哪里去？笔者认为，常去公园、常看绿色、跑步锻炼，才能真正保护青少年的眼睛。所以说，公园是校园的延伸，公园里的体育场馆是校园体育场的延伸。

扬州的城市公园里，建有许多大大小小的运动场馆。我们把专业体育场馆和开放的公园结合起来建设，把场馆建在公园中，或在场馆周边拓建公园，目的是把室内运动与室外运动结合起来。体育运动有许多门类，大体可以划分为两种类型：一是以个人能力为主，如我们的"国球"乒乓球，如田径、游泳。虽然乒乓球也有团体赛，田径赛也有接力赛，也有一些排兵布阵和接力配合，但主要靠个人打得好、跑得快。二是以团队能力为主，如篮球、足球、排球、水球等，讲究互相配合。皮划艇和龙舟赛更是如此，众人划桨，每个人都要踩着鼓点划，否则步调不一，个人能力再强也不能赢得比赛。以个人能力为主的比赛大部分在室内，而以团队为主的比赛大部分在室外。室外比赛最大的好处是亲近自然，体能消耗大，有利于培养孩子的野性，让孩子经受风吹雨打，直面对抗挫折，积蓄生命能量，培育坚毅性格。

抓小球、抓单项、抓金牌固然重要，但我们更要从体育的目的出发，抓大球、抓户外、抓体育精神的培育。

"观球看郎"。在篮球场、足球场能看到男孩的什么特点？第一，常打篮球、踢足球的男孩体力较好，在外保护家人，在家干粗活，没有力气与体魄可不行；第二，勇敢，敢于去抢、去撞，工作也能积极主动；第三，团队运动讲究配合，球场上最能看出一个人是不是自我；第四，经常性的身体碰撞有助于养成包容豁达的品格；第五，打篮球、踢足球总是有输有赢，有助于学会正确面对荣辱得失。当然，身体强壮了，睡眠充足了，心胸开阔了，有利于学习时更集中、更专注，学习效果也就会更好。在这方面，清华大学教授马约翰在《体育的迁移价值》中有详细研究。清华大学响亮地提出了"为祖国健康工作50年""非体育不清华"的口号。世界上诺贝尔奖获得者大部分喜欢体育运动。所以，"观球看郎"有一定的科学性。

有体育特长的人在商界也更容易成功。美国华尔街的一些大公司招聘人才时，首选的不是名校毕业生，而是运动健将。因为极其繁重的工作压力，只有体魄强健、意志坚强的人才能扛过去；体育运动节奏快、变化多，球场上反应快的人，商场上反应也快；而且运动员讲究配合，讲究协作，具有团队精神，这是做好复杂工作的必要条件。中央教育工作会议提出要推进学生"德、智、体、美、劳"全面发展，如果按照"健康第一"的教育理念，就是把身体健康提到更加重要的位置，把体育和劳动放在更加重要的位置。对于一个人来说，不是只有上大学才能成才，但任何人要能为家、为国工作，必须有健康的体魄。

公园作为公共活动空间，也是文明教育的课堂。人们在锻炼休闲中，能够通过一定形式受到社会主义核心价值观、传统美德、文明礼仪的教育，真正实现让社会主义核心价值观像空气一样无所不在。

近年来，扬州最大的变化，除了公园的树越长越高，还有就是随手丢垃圾的人越来越少，大声喧哗的人越来越少。一开始有不少人穿睡衣、拖鞋来公园，现在都穿着运动鞋，衣服穿得整整齐齐、体体面面地来；以前是大人带小孩来，现在大人推着轮椅陪老人来的也越来越多。在公园这个城市大客厅，大家相互学习着、相互教育着、相互监督着，也在相互感染着，公园已成为市民群众自我教化的大熔炉。

公园改变一座城，也在塑造一城人。

第五章　城市公园的设计程序、方法、倾向

本章主要从三个方面进行了阐述，分别是城市公园的设计程序、城市公园的设计方法、城市公园的设计倾向。

第一节　城市公园的设计程序

城市公园的设计程序是指进行一个完整的设计所需要采取的一系列步骤。

对于大多数设计师来说，这方面可能均有各自的经验。特别是一些优秀的设计师，往往在各个环节都能表现出过人的才能。倘若你是他们中的一员，下面将要讲到的设计程序和设计方法大可带着批评的眼光去泛读之。倘若你并非一个从事多年设计实践的业内人士，而是个放眼未来的年轻设计师或学生，甚至是个要给学生上课的教师，相信以下内容可以做你的引玉之砖。

如果把公园设计图纸作为一个结果米看的话，无疑设计过程就包含了形成这一结果的所有原因。要想取得理想的结果，就要严格控制设计过程。在通常的设计程序中，包含着许多合理的甚至是必需的步骤，它们是不容忽视的，以至最出色的设计师对此也要放弃散漫而变得严谨起来。

对于设计的前期准备，不少书籍上做了大致相同的论述，根据目前较权威的通用教科书的内容，我们做出如下的总结。

一、素材准备

（一）边际素材

所谓边际素材是指在进行设计前必须了解的一系列先决条件。

（1）甲方对设计项目的理解、要求的园林设计标准及投资额度，还有可能与此相关的历史状况。

（2）从总体角度理解项目，必须弄清公园与城市绿地总体规划的关系，最好有（1∶5000）～（1∶10000）的规划图。另外，必须注意总体规划中是否对将要着手操作的项目有特殊要求。

（3）与周围市政的交通联系，车流、人流集散方向。这对确定公园出入口有决定性的作用。

（4）基地周边关系、周围环境的特点和未来发展情况、有无名胜古迹、自然资源及人文资源状况等，还有相关的周围城市景观，包括建筑形式、体量、色彩等。另外就是周围居民的类型与社会结构，例如，属于厂矿区、文教区或商业区等的情况。

（5）一般情况下建造公园所用的材料需要考虑其来源，如一些苗木、山石、建材等。当地的施工情况也会影响公园的最终效果。

（二）中心素材

所谓中心素材是指与公园设计直接相关的基础资料，以文字、技术图纸为主。

（1）首先必备的是基地地形图。城市公园面积不同，所需要的地形图也是不同的，即使是面积较小的社区公园，甲方也应向设计师提供 1∶2 000、1∶1 000 的总平面地形图。如果公园面积较大，甲方所提供的地形图也应相应地升级，如 1∶500 的地形图；当所需要建设的公园为大型公园时，为了能够得到理想的设计图，甲方应提供 1∶200 的地形图。图纸中应包括以下内容：第一，公园的设计范围，清楚地标注好红线范围和坐标数字；第二，园址范围内的地形、标高及线状物体的位置。

如果基地面积比较大，或基地现状特别复杂，或对设计的精细程度有较高要求，则还需要局部放大图，一般 1∶200 的比例足够了，图纸主要供局部详细设计使用。

由于当今技术的发展，在不少地区均有测量部门绘制的电脑图纸，为设计者提供了极大的方便。

（1）现状植被分布图。根据所建园区面积的大小，甲方应提供 1∶500，甚至是 1∶200 的植被分布。图纸中应包括：第一，现有植被的基本状况；第二，需要保留树木的数量及其具体位置，为了能够使设计者深刻理解甲方的意图，图纸中还应准确说明需要保留树木的品种、生长状况、观赏价值等内容。特别是那些观赏价值较高或者具有特殊保护意义的树木更要标注清楚，条件允许的情况下，最好附以彩色照片。

（3）地下管线图。根据所建园区面积的大小，甲方应提供1：500的地下管线分布图，如果公园的位置在市中心，需要提供1：200的地下管线分布图。总的要求是和施工图的比例相同。图纸内应包括：第一，上水、下水的管线位置，井位；第二，环卫设施管线位置、井位；第三，电信企业铺设的管线位置；第四，电力企业铺设管线的位置；第五，燃气公司铺设的管线以及热力管道的位置。此类图纸内容一般应与各配合工种的要求相符合，需与设备专业设计人员沟通。

（三）现场素材

现场踏勘的重要性是不言而喻的。即使甲方提供的资料再详细，设计者也不能完全依赖图纸而不去现场进行实地勘察。在设计之前，无论所建园区的面积是大还是小，设计项目是具有挑战性还是比较容易，设计者都必须去现场进行查勘。

原因至少有二：一是公园设计包含了很多感性因素（特别在方案阶段），要求对现场环境有直觉性的认知，这类信息无法通过别人准确传达。二是每个人对现场资料的理解各不相同，看问题的角度也不一样，设计师亲赴现场才能掌握自己需要的全部素材。

现场素材最显著的作用是充当补充素材，现场素材的搜集要注意以下要点：首先，对于边际素材和中心素材难以体现的内容给予高度关注，如场所的围合性、视觉效果等，特别是对基地环境的感知要格外留意；其次，要注意观察周围的景物，哪些景物与所要建设的城市公园相契合可以利用，哪些物体与所要建设公园的功能相距较远，可能会带来不利影响等，要认真考察这些要素的优势与劣势，在规划过程中适当处理。搜集现场素材时往往需要实地摄影，以备开始设计时参考之用。现场素材在数量上一般较少，但涉及范围非常广泛，大多数问题是只对某一具体基地才有意义，因此无法在此具体指出到底应当搜集哪些资料。

（四）素材整理

尽管在素材搜集过程中整理工作一直在进行，我们依然需要一个单独的素材整理阶段。对已有的素材进行甄别和总结是必要的。通常在一个设计开始以前，设计者搜集到的素材是非常丰富多样的，甚至有些素材包含互相矛盾的方面。这些素材中哪些是必需的，哪些是可以合并的，哪些是欠精确的，哪些是可以忽略的，都需要预先做出判断。

整理工作应当达到这样的效果：设计者开始设计时尽量少地翻看原始资料，大部分素材应该能够在设计者头脑中形成定性的印象。其实，一个公园的设计所需要的最精确资料应该是原始地形，其余多数并不需要特别精确地记忆。

二、总体设计

城市公园是城市园林绿地系统的重要组成部分，是提高城市居民文化生活水平不可缺少的重要因素。

城市公园为市民提供了户外活动的场所，一些室外文化活动、娱乐休闲活动、体育运动、游憩活动等都可以在这里进行，同时城市公园也为城市带来了大面积的集中绿地，在许多现代化城市中是市民获得良好呼吸质量的场所，成为名副其实的"绿肺"。特别是在强调环境保护的今天，城市公园更被看作是维护城市生态平衡的强有力的工具。

如此看来，某一特定公园不论其性质和内容如何、功能性强或弱、活动项目多或少，都不能忽视其作为城市公园所必须具备的基本功能。

讲到这里，我们还是回过头来规规矩矩地从设计程序的角度审视一个城市公园的设计步骤。

（一）定位

一个城市公园最终在整个城市环境中扮演什么角色，不仅与当地针对性的法规有关，也与设计师的理解创造有关。就像作文课一样，题目由老师指定，内容也有一定限制，但文章立意和布局谋篇则由学生自己完成，而文章好坏则直接由学生的理解力和创造性思维决定，因此文章也才有高下之分。这样看来，设计师在着手设计之前，非常重要的一个工作就是厘清思路——一些设计以外的思考，作为设计工作的准备。这类似经济学里常讲的"看不见的手"，很多东西反映在设计结果中并非特别明显，但又是至关重要的。所以说，总体设计的起始阶段包含了一些决定性的工作，尽管它花费的时间可能不多，但却具有相当难度，很符合"万事开头难"的通俗逻辑。

如果你具备了以上这些想法，那么就可以真正介入公园设计了。假如还懵懵懂懂，不如放下书本，多去观察思考。当然，要是你甘愿做一个平庸的造园家的话，大可想都不想直接开始擦拭你的针管笔或键盘鼠标。

（二）立意

中国古人在谈到绘画和园林时常说"意在笔先"。一个流传很广的例子就是关于一幅命题画"深山藏古寺"，有人在郁郁葱葱的茂林中点缀了一个小寺庙，有人含蓄地只画了古寺的一角，但最终是一幅画着小和尚担水的画征服了所有的人。由此可见，立意就是艺术作品的灵魂。

对公园设计而言，每个设计师都有自己的思维方式，每个设计师都有表达自己思想的权利，每个设计师都有不同于他人的特点，那么是什么决定了一个公园设计的好与差呢？一个首要环节就是立意。

所谓立意，通俗地讲就是园林设计的总意图，是设计师以园林为载体的最基本的设计理念。立意可大可小，大到反映对整个社会的态度，小到对某一设计手法的阐释。

著名的纽约中央公园的设计和建设是一个在各方面都可以作为典型的例子。美国第一个近代园林学家唐宁（Andrew Jackson Dowing）在中央公园建造之前就讲过"公园属于人民"。时值移民大量进入美国之际，城市人口倍增，有识之士意识到城市化趋势势不可挡，大量的人口涌入城市必然会带来一些前所未见的问题，如不恰当地使用土地会对生态系统造成不可逆转的伤害。如何实现人与自然的和谐相处，成为设计师思考的重要问题。在中央公园的规划者奥姆斯特德（Olmsted）看来，城市公园作为社会发展中的重要组成部分，应成为社会改革的进步力量，随着生活节奏的加快，人们的心理压力与日俱增，应充分发挥城市公园休闲娱乐的功能，不断扩大城市公园的覆盖范围，使每个人都能享受到利益，进而起到缓解市民焦虑压抑心理的作用。在纽约中央公园设计竞赛中，奥姆斯特德的"绿草地"方案获头奖。

另一个体现立意的重要性的例子就是贝聿铭设计的卢浮宫金字塔。假如没有出奇的想法，设计出的作品无论多么精致都在思想上逊了一筹。在明清时期江南私家园林中，"个园"暗喻主人有竹子品格的清逸和气节的崇高、"拙政园"暗喻"拙者为政"等，都是著名的实例。

从本质上说，立意就是确定主题思想，其中园林艺术形象是主体思想的载体。主题思想在园林创作中居于主导地位，是设计师思考的核心问题。鲜明且个性化的立意是创作理想园林作品的前提，当然这并不是说设计师要将所有的重点都放在立意上。园林作品的成功受多方面因素的影响，立意只是其中之一。这是因为公园设计的立意最终要通过具体的园林艺术来营造某种园林形式并经过精心安排来完成。有时也可以在设计中专门用图纸方式表达。

（三）构思

客观地说，能够具备非凡立意的城市公园并不多见，立意之后的构思却可以让设计师有充分的施展空间。构思其实是立意的具体化，它直接导致针对特定项目的设计原则的产生。

如前述纽约中央公园的主要构思原则便包括了如下几方面。

（1）规划要满足人们的需要。生活压力的增大使得人们迫切需要能够放松身心的场所，公园要有良好的环境，这样在周末或者节假日，人们可以在此处观赏，以满足社会不同阶层民众的游憩需求。

（2）规划应当兼顾自然美和环境效益。公园规划要尽量体现自然特性，将各类活动与服务设施项目整合到自然环境之中。

（3）注重自然景观的保护。在某些情况下需对自然景观进行修复或进一步的强调。

（四）布局

园林布局是指设计者以园林选址、立意和构思为依据而酝酿园林作品的一种思维活动。一般来说，布局阶段的主要任务包括：出入口位置的确定；分区规划；地形的利用和改造；建筑、广场及园路布局；植物种植规划；制定建园程序及造价估算等。上述公园布局的主要任务并不是孤立进行的，而是相互之间总体协调、全面考虑、相互影响、多样统一。总体规划实践证明，有时由于公园出入口位置的改变，引起全园建筑、广场及园路布局的重新调整；或因地形设计的改变，导致植物栽植、道路系统的更换。整个布局的过程，其实就是公园功能分区、地形设计、植物种植规划、道路系统诸方面矛盾因素协调统一的总过程。而由于布局多种可能性的存在，以草图形式做方案是较为可取的方法。

从这时开始，我们就真正接触到公园设计了。此时我们首先要考虑以下问题。

1. 公园出入口的确定

《公园设计规范》条文说明第 2.1.4 条指出，"市、区级公园各个方向出入口的游人流量与附近公交车设站点位置、附近人口密度及城市道路的客流量密切相关，所以公园出入口位置的确定需要考虑这些条件。主要出入口前设置集散广场，是为了避免大股游人出入时影响城市道路交通，并确保游人安全。"

主入口位置的确定受多方面因素的影响，设计者要在综合考虑公园与城市环境关系的基础上，结合园内功能分区以及地形特点等内容，进行综合的考量。一般主要入口要在考察城市主要干道、游人主要来源方位、公园用地的自然条件等诸因素的基础上综合考虑。实践证明，科学合理的公园出入口位置会让城市居民便捷地抵达公园，提高公园的覆盖率。为了完善服务，方便管理和生产，多选择公园较偏僻处，或公园管理处附近设置专用入口。

另外，为方便游人一般在公园四周不同方位选定不同出入口。

2. 分区规划

这是个老生常谈的话题。之所以提起分区规划，原因很简单，任何一个公园都是一个综合体，具有多种功能，面向各种不同使用者（即使是儿童公园，也要考虑监护人的使用需要）。这些各不相同的功能和人群需要各自适合的空间和设施，必然要求将公园划分成相应的几部分。

分区规划体现着设计师的技巧，而绝不是机械地划分。如上所述，公园的分区规划的首要依据是功能差异，目的是满足不同年龄、不同爱好的游人的游憩和娱乐要求，合理、有机地组织游人在公园内开展各项游乐活动。按照公园规划中所要开展的活动项目的服务对象，即游人的不同年龄特征，儿童、老人、年轻人等各自游园的目的和要求，不同游人的兴趣、爱好、习惯等游园活动规律进行规划。

公园内分区规划应当因地制宜、有分有合。公园设计中最常见的分区有：文化娱乐区、观赏游览区、体育活动区、公园管理区等。

（五）总体设计图纸及文件

从图纸角度来讲，在布局阶段，设计师已经开始画设计图了。这时还是以草图为主，且应当有两个以上的构思方向，所以有人称之为草案研究。草案研究是为研究可选方案所准备的，它们应当具有简明性和图解性，以便尽可能直接解释与特定场地的特性相关的规划构思。随着构思的不断成熟和布局草案的进展，可以进一步对它们的优缺点及可能存在的经济问题如纯收益作比较分析。不合适的方案将被放弃或要加以修正，好的构思应当采纳并加以优化，其他讨论中新提出的方案应加入方案列表中以供比较。只要有可能，所有建设性的思想和建议都要包括在内，这种合并过程在设计中是经常出现的。减少负面的环境影响，尽可能增进有益之处。当适合实际的几个方案已初具轮廓并已互相比较过后，选出最好的一个，并转化成初步规划。

总体设计通过设计图纸和文字文件最终应至少反映如下内容：①公园在城市绿地系统中的关系；②公园所处地段的特征及四周环境；③公园的面积和游人容量；④公园总体设计的艺术特色和风格要求。

1. 技术图纸内容

（1）位置图。属于示意性图纸，标注了该公园在城区内的位置，比例较大是该图纸的显著特征。

（2）现状分析图。设计者在掌握全部资料的基础上，运用分析、归纳等方式，对目前状况进行全面的述评，常用的图形类型有两种，一是圆形圈，二是抽象图形。不管是哪种方式都需要将影响公园设计的各项因素清楚地表达出来，如有利因素有哪些、不利因素有哪些，从而为功能分区提供参考依据。更重要的是，分析图使得设计者与甲方的沟通更有针对性，可以把甲方从纷杂的思绪中解放出来。

（3）种植设计图。包括如下内容：第一，不同种植类型的安排，如哪些地区布置密林、何处应设计花坛、哪里布置园林种植小品等；第二，布置以植物造景为主的专类园，包括公园内的花圃、小型苗圃等；第三，确定全园的基调树种，如园区内种植乔木、灌木的品种等。必要时在图纸上辅以文字，或在说明书中详述。

2. 表现图

表现图是总体设计阶段至为关键的部分。由于甲方通常对公园设计了解不多，而形象化图纸又最容易让其了解并产生兴趣。设计者为了更加直观地表达出公园设计的初衷，需要将公园设计中的各个景点、景物等以水彩画、水粉画或者国画

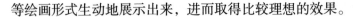

等绘画形式生动地展示出来，进而取得比较理想的效果。

3. 总体设计说明书

具体包括以下几个方面：位置、现状、面积；工程性质；功能分区；设计主要内容，地形、空间构想、建筑布局、种植规划等；管线、电讯规划说明。

4. 总体匡算

总体匡算也就是对精确程度要求较低的估算，它主要是让设计者及委托方知道需要投入的资金与预期值之间的距离。它的计算方式并不复杂，以建设面积为基础，结合设计内容、工程复杂程度以及常规经验进行计算。

三、详细设计

单就图纸量而言，详细设计阶段毫无疑问是设计全过程中最繁重的环节，也是耗费人力、物力和精力最多的阶段。详细设计的任务，毋庸置疑，就是完成所有与公园建造有关的技术图纸。

基于不同的研究角度，图纸有着不同的划分标准，通常人们以设计的进程将图纸分为三类，一是方案图纸，二是扩初图纸，三是施工图纸。每一类图纸表达的深度和侧重点是大不相同的。至于它们具体有什么要求、应达到怎样的深度、涉及哪些方面，可以从一些建筑设计、景观设计的入门图书中了解，无须太多，一本足矣。这里要强调的是，在公园设计过程中，上述三种图纸的区分可能并非像建筑类图纸那样明显，方案中的细节构思常需要接近施工图深度的详图表达，施工图绘制时也经常穿插一些细节设计。

针对公园设计的特点，我们接着分区规划的话题讲一讲详细设计。

如果设计项目比较大，在总体布局确定后可能会由不同的设计人员分别进行每个分区的详细设计。还有一种可能是由各个设计者做分项设计，如建筑分项、小品分项、广场分项、种植分项等。无论怎样进行详细设计，各分区的使用特性无疑决定了它们设计上的侧重不同。

（一）出入口

与布局阶段的定位不同，详细设计阶段更侧重出入口的功能与形象。

主要入口的设计要满足以下要求：第一，便于主要人流在此交汇、等候；第二，具有独特的造型，展示出别样的艺术魅力，以便快速吸引游客的目光使其进园参观游览，达到美化城市环境的目的；第三，协调好与城市交通之间的矛盾，缓解城市主干道的交通压力。

（二）文化娱乐区

从活动性质上划分，文化娱乐区应属于园区内闹区。大型综合城市公园内通常都设有较为集中的文化娱乐分区，该分区内的建筑较为丰富，主要包括俱乐部、影视中心、溜冰场以及一些其他室内外活动场地。随着社会经济的发展，城市人口的数量逐年攀升，日益加快的生活节奏使得人们娱乐项目的需求不断高涨，基于此，大型城市公园内建设了露天剧场、电影院等娱乐场地，人们可以在此放松心情。这些娱乐场所具有瞬时人流高峰的特质，如电影院开场时大量人流涌入，在这种情况下，保护人们的生命财产安全就成为重中之重，为了避免意外的发生，应适当安排交通，并在条件成熟时尽量靠近园区进出口，甚至可以另行设置专用进出口。

（三）观赏游览区

这一分区性质与传统园林最为贴近，不需要太多先进技术的帮助，也最能体现出设计师的设计水平。园区内的观察游览区以大面积为佳，常选择山水景观秀丽的区域，与历史文物、景点相结合，突出自然景观与造景手段相结合，以满足游客提升审美情趣为目的的游览需求，收到事半功倍之效。

当代城市公园因其规模有限而产生了许多小范围近距离欣赏参观项目，如北方公园热带植物展示温室和盆栽展示等，应该算作是特例。很难说靠这些内容充实的公园到底是否需要园林设计师的专业发挥。

（四）休息区

与观赏游览区相比，休息区功能性更弱些。明清时期江南私家园林所创造的意境最适合借鉴进公园的休息区中。休息区通常选择在有一定起伏的地形上或者水体旁，以树木茂盛或者芳草萋萋处为佳，休息区的建设数量没有明确的限制，可根据公园的面积和居民的需求，因地制宜地设置多处。

休息区的位置通常应与嘈杂的活动区分开，不必紧靠出入口，可放在边角。

（五）儿童活动区

随着生活水平的提高，人们越发意识到体育锻炼对于个体成长和发展具有积极意义。有关研究表明，长期参与户外活动不仅有助于增强儿童的体质，还能够磨炼意志，培养良好的心理品质。在这种背景下，设计师要考虑到儿童的需求，设置专门的儿童活动区。公园主入口处是其最佳位置，以便于前往。它的活动性质主要是以运动为主，并拥有由专业厂家设计的配套设施。设计时强调安全，游戏器械区的地面主要以弹性为主。

四、专业服务

之所以把专业服务作为设计程序中的一个部分，是因为在公园设计中，许多因素是无法仅靠图纸或文字来表达或控制的。设计师必须将现场指导作为整个设计的组成部分。在设计方和委托方签署的合同中也经常会附加上专业服务的内容，即使没有，尽责的设计师也会定期到工地巡视，进行观察研究并提供改进意见。[①]

第二节　城市公园的设计方法

一、基准法则

城市中物质力量的作用造成了对人的异化，压抑了人的本性。而园林往往是物质力量作用最薄弱的场所，人们可以凭自己的主观意愿改造物质世界，对物质力量有压倒性优势。实实在在的物质功能退居精神功能之后，园林中的居住建筑、书房等可以随审美需要而布局，由人对环境的整体感觉决定。

园林表现为由人性出发对原有环境的改造。为了造园的需要，人们不顾基地原有条件，挖池掘溪、叠山堆石，貌似是提炼环境的精髓，实则改变了环境的固有意义。例如，中国园林的"小中见大"的手法，廊、路、墙等曲折多变，不断改变游览路线方向，使人对空间的知觉能够不断接收新鲜信息的刺激，延长了赏景时间，扩大了园林的空间感。

---

① 孟刚、李岚、李瑞冬：《城市公园设计》，同济大学出版社 2005 年版，第 66 页。

现代城市公园的服务对象是社会上的所有人，每个人都可以进入公园，使用其中的设施。为了满足不同年龄、性别游客的审美需求，就要做到雅俗共赏，使造园艺术由高雅向通俗转变，以契合大众的审美情趣。相较于私家园林追求品位脱俗的艺术情趣，现代城市公园更倾向于"动"，推崇娱乐化。私家园林的主人在宅园中看书、弈棋、抚琴、作画，都是修身养性的活动，因而空间对外封闭，独立性强。现代城市公园则是将打球、跳舞、餐饮，以及新兴的游乐项目融合在敞开的大空间中，这也是人们必要的物质需求，说明现代生活已经将人性改造得更具现实性，人在公园中的行动范围相对较大，行动的目的性增强。

与古典私家园林相比，现代城市公园更讲求物质性、现实性，比如，在对整个园区进行设计之前需要认真调查周围的环境，大致预测出游人数量。现代城市公园的设计流程与建筑设计的流程相似，第一，对园内的道路进行规划，确定主次园路的形式和宽度；第二，根据之前的调查结果合理划分区域。古典私家园林是其所有者净化心灵的胜地，以满足所有者的精神需求为宗旨，现代城市公园虽然无法达到完全满足人们精神需求的境界，但是它所具有的休憩功能仍为处于高度压力之下的市民提供了喘息之地。

只有了解了城市公园的上述特点，我们在开始设计时才能确立正确的出发点，把握准确的方向。有必要解释一下的是，下述外围法则是指在公园设计、景观设计、建筑设计中通行的方法，主导法则是指仅针对城市公园的设计方法。

二、外围法则

公园设计方法可以从各种角度陈述，下面提到的各项法则为减少重复，对理论书籍中常见的经典论述采取了精简措施，但并非我们对它们的重要性有所怀疑。

（一）行为多样性造就环境的多样性

"寻常街道上的平凡日子里，游人在人行道上徜徉；孩子们在门前嬉戏；石凳和台阶上有人小憩；迎面相遇的路人在打招呼；邮递员在匆匆地递送邮件；两位技师在修理汽车；三五成群的人在聊天"，这就是街头景象。伴随着社会的发展，信息化时代悄然来临，日益丰富的物质生活和蓬勃发展的精神生活使得人们的行为朝着多样化方向发展。扬·盖尔（Jan Gehl）以活动目的为标准将人们在公共空间的户外活动划分为三种类型：一是必要性活动，二是自发性活动，三是社会性活动。所谓必要性活动指的是个体为了维持自身的生存和发展所必须进行的活动，即不管人们愿意还是不愿意都要参与的活动，不自主性是该类活动的显著特征，如学生去学校上学、成年人去公司上班，抑或者接受领导委派去外地出差等，这种活动在任何情况下都会发生，基本不受外部环境的影响；自发性活动是指人们具有强烈的兴趣和参与意愿，并且在条件许可的情况下才会发生的活动，如晚饭后老年人去公园散步、天气晴朗时晒太阳等，人们是否进行自发性活动同外部环境有着很大的关系，受外部环境质量的直接影响。社会性活动是指需要他们参与的活动，如在路上碰到认识的人打招呼、和他人交谈等，这些活动产生于各种场合。这三种类型的活动并不是彼此孤立的，而是在一定条件下可以互相转换的，如公共空间中必要性活动和自发性活动的条件得以改进和完善，社会性活动便间接得到促进，而这三种不同属性的活动之间不但存在着差异，而且本身的内容亦呈现出多样性特征。

这里我们不想过多地讨论活动本身，仅想就相应对策做些说明。

1. 增加共有空间数量

人的行为活动的多样性要求要有与之适应的室外空间面积，要有更多的场所容纳公共活动。从大的方面讲，在城市详细规划中，应注意使建筑物适当集中，在可能的情况下提高建筑物的层数，留出完整的城市共有空间。再就是尽量将与建筑相关的地面解放出来，人的活动绝大部分是在地平面上进行的，而高差则会阻碍行动的发生，因此地面是城市室外环境中最重要的部分。不考虑经济因素，地面空间的解放要通过建筑的向上发展与向下发展实现。向上就是建筑物底层架空，可以是全部，更合理的是部分架空。向下就是开发利用城市地下空间，这方面日本城市做得比较好，地下商场、地下车库等可以像一般商场、冷库、车库一样使用，其顶面可视作城市环境位置用作休憩、游乐等。

目前城市中开敞性的公园数量渐增，且向城市空间的渗透性增强了，无疑是从城市规划的高度上对城市公园有了进一步的认识。

2. 扩大室外空间的宽容性

人在室外空间的活动具有多样性，然而很多情况下他不可能根据活动的性质来选择不同距离的空间，例如他想散散步，就未必会专门跑到远处某个适合散步的地方去，而很可能就在周围并不适合散步的环境中走动。但是他也可能因为没有适合的地方可去而取消散步的打算。

运动是人的本能，不管人类是进行必要的生产劳作，还是和同伴开展自发性活动，抑或是为了个体的发展参与社会性活动，合适的室外空间都是这些活动得以顺利进行的必要条件。随着城市化进程的不断加快，城市人口的数量逐年攀升，室外空间的面积被不断挤压，要想获得理想的室外空间有两种途径，其中之一是丰富室外空间的用途，使其使用目的多样化。强调室外空间在白天和黑夜的不同用处，集交通、观赏、游憩等功能于一体，结合不同年龄、性别人的需要，在室外空间布置些花草、树木、小品等，实现"一物多用"的目的。另外一种方法是室外空间层次化，这对室外空间的面积提出了更高的要求，只有室外空间的面积足够大，才能运用多种分割手段来设定空间的层次。常用的分割手段有绿篱、矮墙、小品等，力图营造内外分割、闹中取静的场景。同时，空间层次的丰富也带来了趣味性，在无法尽收眼底的空间里能勾起人丰富的想象，从而构成一个多元、多趣的世界。

（二）尊重个人空间

"气泡"一词本为医学领域的专业术语，人类学家爱德华·T.霍尔（Edward Twitchell Hall）将此医学术语应用到人类学领域，指出我们每个人都有着属于自身的个人空间气泡，尽管它看不见、摸不着，但是却存在于每个人的内心中，当我们的"气泡"与他人的"气泡"相互重叠时，不管是我们还是他人都会产生不舒适感，因此我们要尽量避免"气泡"重叠的现象。人类学领域中的"气泡"指的是随个人行动而产生的个人空间，就像动物界中的动物都有着自己的领地，"气泡"就相当于人的领地。当个人的"气泡"遭到侵犯时，人们会做出各种行动以表示抗议，如感到烦躁不安，将身子斜扭过去，或者屈起腿以和他人拉开距离，如果条件不允许人们做出以上动作，他们会通过转移注意力的方式来表达不满，如有的人会摆弄茶几上的小玩意，如果附近有报纸、杂志，有的人就会翻阅杂志。如果周围并没有可供个体转移注意力的物品，他们就会将目光聚焦到自身，通过拈裤子上的线头或者审视指甲的方式表达自身的不满。这时人们的情绪就会从轻松愉快转为紧张不安。人在静止状态时，空间"气泡"的作用最明显，而人体一旦开始运动，其影响似乎不那么强烈。因此，设计师在为公园布置室外设施时特别是休息设施时，要充分考虑到空间"气泡"的影响，避免空间的浪费。如座椅是室外公园中必不可少的设施，长度以坐一到两个人为宜，不宜过长。事实上，不管设计师考虑得多周详，休息设施的浪费仍然是不可避免的，为了尽量减少浪费，就需要赋予周围设施以多种用途，即发挥"辅助作为"的作用，如设计师可合理设计花坛边缘的高度、大台阶、小品基座等，使其美观、整洁，展示其可坐性。

（三）尊重地域性空间

和空间"气泡"隶属于个体移动范围不同，地域性空间则是个体或群体固定的领地。在城市公园中经常会发生这样一种现象：某个人或者群体长期出现在某些固定地点，个体或者群体很可能会将这些地点标注为属于自身的地域性空间。当外人进入该地点时，人们会觉得自身的权益受到侵犯，会产生防御反应。这种情况在现实生活中司空见惯，如有陌生人进入某条小巷时，原本在街巷中散步的人会停下脚步，坐着聊天的人也会停止谈天说地，而是不约而同地盯着陌生人看，这是因为居住在小巷中的人将这条小巷当作了自己的地域性空间，陌生人的到来让他们感到侵犯，盯着陌生人看就是他们下意识作出的防御反应。地域性的形成对于个体参与群体性活动、成为群体中的一员有着积极意义，因此要结合具体情况灵活使用。需要注意的是，在设计地域性空间时要准确区分边界和地域的差别。空间的界线有着如下优势：它可以提醒使用者了解其所占地域的范围，从而确保在这一地域中开展具有同等性质的活动并能减少无谓的打扰。

三、主导法则

（一）准确合理定位

立意和构思过程中必然要涉及的内容之一是对设计项目进行适当的定位。

不同性质的园林所对应的园林形式必然是大不相同的。纵观园林建设的历史可以发现，园林的形式和园林的内容息息相关，其中园林的内容处于主导地位，决定着园林的形式。园林传达的主题和展现的特性也受园林内容的影响。按照常理来说，在接手一个公园进行设计之前，城市规划部门已经明确规划了该公园的性质，如该公园究竟是为了拓宽人们视野，使人们增长知识的纪念性园林、植物园、动物园，还是为居民提供休闲娱乐以及健身场所的市民公园，不同建筑目的的园林，所对应的园林性质和园林形式是大相径庭的。如纪念性公园，其建造的目的是纪念著名人物或著名事件，使人们永远牢记名人所做出的卓越贡献，为了彰显这一目的，建筑布局多采用轴线对称的形式，通过规整严谨、规模宏大的建筑营造出庄严肃穆的氛围，使进入该公园的人得到雄伟崇高的审美体验，南京的中山陵就是纪念性公园的典范。植物园的形式迥异于纪念性园林的根本原因是二者的建造目的天差地别，植物园属于文教科学的展示范畴，它要求园区既可供游客参观，又能使游客获得相关的知识，在整体布局上常以植物种类为判别基准，创造出清新自然、内容丰富的游玩环境，使游客流连忘返。开敞性市民公园的主要目的是满足居民提供休闲、健身的需要，强调大家庭的氛围，这就要求园区内有着大面积的广场硬地，占地面积广、地面平坦是其典型特点，为了活跃广场氛围，很多市民公园还布置了水景。

公园设计的合理定位是一种复杂的思维活动，明确公园性质是该思维活动顺利开展的前提和基础。如在中国古代，皇家园林与江南私家园林就在形式上有较大差别，皇家园林总是挖池筑岛，把蓬莱、瀛洲、方丈"一池三山"的模式不厌其烦地滥用，私家园林则相当克制，处处是引申和暗喻，偶尔也有画饼充饥的手法。尽管它们都是为主人畅游抒怀而设，但造园手法相去甚远，其差异全因使用者不同。再如英国著名的都铎式园林和同处欧洲的法国的勒·诺特式规整园林、意大利的台地园林之间的反差也说明了园林在性质接近的情况下依然有不同的风格可选择。

随着历史发展，设计者可以借鉴的手法越来越多，而目前难以阻挡的全球化趋势更给了这种多样化选择以充分的宽容。建议设计师案边备一本园林史图书，它或许会给你以灵感。

（二）公园形态

公园形态形成过程中蕴含了多种复杂的因素，世界园林的形态是丰富多彩的，自然形态的差异和文化传统的差异是导致世界园林形态迥异的重要原因。社会各界的专家学者基于不同的研究角度对园林进行了不同的分类，如果以形态作为划分标准，园林大致可以分为两类，一种是自然型，一种是几何型，也有混用两种形式的，可称为混合型。

1. 自然型

无论是中国、日本，还是西方国家的传统园林，自然型园林都曾经发挥过举足轻重的作用。中国是应用自然型园林最广泛的国家，不管是皇家宫苑还是私家宅园在建造之初都会对当地的自然山水进行深入的调查，以自然山水作为园林的源流。西方自然型园林的典范是英国的风景式园林。

自然型园林以"相地合宜，构园得体"作为建造的指导思想，并在建造过程中始终遵循该原则。该园林创作的最显著特点就是将自然景色与人工造园艺术巧妙地结合起来，"虽由人作，宛自天开"便是自然型园林创作的最高追求。园林设计者在设计园林的过程中尽量寻求当地自然景观与人造园林的契合点，力图再现自然界中的景观。"再现"自然景观包含两方面的内容，一是再现自然界中的地貌景观，即将自然界中峰、谷、崖、岭、洞等巧妙地移植到人造园林中；二是再现自然界的水景，从自然界的水景中获取灵感，人造园林中的水景轮廓要蜿蜒曲折，水岸以自然曲线为主，略有倾斜，为了营造真实的水景，以自然山石作为驳岸。形态多变是自然界景观的主要特征，自然型园林创作者也要遵循这一准则，尽量避免对称的广场和道路，建筑物在布局时讲究灵活多变。植物的栽植要切忌整齐、匀称，树木不修剪，以孤植、丛植、群植、密林为主要形式。不同地域的自然园林形态是大不相同的，但是这些园林有一个共同点，那就是模拟自然、寄情山水之间。

有的设计师将这种设计手法称为"山水法"，因山水地形为骨架而得名。该设计手法在中国造园史上得到了广泛的应用，并留下了脍炙人口的经典名言，如"巧于因借""自成天然之趣，不烦人事之工"等。江南为数众多的私家园林就是反映了上述理念的现实之作。

2. 几何型

几何型园林又被称作规则式园林或者整形式园林。传统的西方园林中几何型园林的数量最多。这类园林以轴线为主调，强调其在园林设计中的主导作用，轴线结构是该类园林的显著特征，给观赏者带来庄重、开放的视觉感受。

从整体上看，几何型园林在平面中设计了主轴线和若干次轴线，园区内的道路呈方格形式或环状放射形，不管是广场还是园内的其他建筑都要按照轴线进行布局，甚至广场和建筑本身也要遵循理性法则，采用对称形式。水景的类型多种多样，如整形水池、整形瀑布、喷泉、运河等，不管是哪种类型，其外形轮廓都要遵循理性法则，设计成几何形状。最能代表几何型园林特征的还是种植设计，为了凸显对称特征，园内经常布置大量的绿篱、绿墙、丛林等，它们除了具有美化环境的功能，还承载着划分、组织空间的职能。花卉布置通常是以花坛、花卉为主，装饰成各种图案，如果条件允许，有的园林还布置成大规模的花坛群。树木配植主要采用等距行列式和对称式，树木修剪整形大多模仿建筑形体和动物造型或者简单几何形体，绿篱、绿墙、绿门、绿柱是几何型园林经常出现的景观小品。

相比于自然型园林，几何型园林的设计手法相对简单，也更容易掌握。基本要点如下：总平面布局是要先确定好主轴线，不同园林的主轴线的位置不同。如果基地的长短在两个方向，那就将主轴线设置在长向上；如果基地各个方向的长度大致相同，可设计成"十字架"式的构图方式，即在纵向设置一条直线，在横向上设置一条直线，两条直线在园区的中心位置相交。确定好主轴线后，再安排一些次轴线，可以从几何关系上找根据，如互相垂直、左右对称、上下对称、同心圆弧等。建筑由其所处位置的外部轴线确定对称主轴，植物如不考虑几何型修剪至少也要规则种植。

3. 混合型

混合型，顾名思义，是自然型园林和几何型园林的交叉混合，这种类型的园林有以下三种形式：一是整个园区内不存在贯穿基地控制全园的主轴线和次轴线，仅有部分景点、建筑呈轴线对称分布；二是全园中看不到明显的自然山水的痕迹，纯自然格局无法形成显著特色；三是因公园游人众多而需将大范围活动场所置于自然山水之间。总之，既然古今中外的造园家提供了那么多设计思路和手法，我们在设计现代城市公园时完全可以采取拿来主义，该用就用。再者，当代的城市与以前相比更趋多样化，形式单纯的园林或许不易贴合市民的生活要求。这些都是混合型园林存在的理由。

讲到设计方法，混合型的园林完全是融合自然型和几何型两类的造园手法，只是在两者的比例上要注意最好有主次差别，以免布局显得混乱。

一个成功的例子就是上海广中公园，东北部采用轴线对称的几何形式。该公园从东入口到西部管理处，约 250m 长的主轴线贯穿到底，然后一条次轴线垂直于该主中轴线往南，逐步转变为自然曲线道路、土山、水池构成的自然型园林空间。两种类型结合紧密，且互相衬托。

另外，上海植物园扩建方案平面中，主体框架由中间的几何线形和四周的自然线形结合而成，强调逻辑性又不放弃自由变化，同样属于混合型园林。

（三）按要素分项设计

根据公园的构成特点，大部分公园由以下要素构成：地形、硬质景观、软质景观、建筑小品等。

之所以将要素作为设计的划分标准，是因为每一个要素在设计中承载着不同的功能，有着各自不同的特点。设计师在设计时要充分考虑要素的特点，应用针对性的原则，而不能将所有设计要素堆砌在一起，临时构思设计特色。如果是设计一个大型花园，势必会涉及分工与协作问题，此时每一位设计师之间的差异性就会转化成与园区各个要素之间的相对针对性，让每一位参与设计的人员都能从事合适的分项设计。

1. 地形

地形是构成园林的骨架，在园林设计中占有重要地位，地形由多种要素构成，山地、丘陵、谷地、湖泊、山峰等都属于地形的范畴。明清时期的私家园林中随处可见地形设计的巧妙之处，由于占地面积有限，当时的设计者费尽心思，一池一山貌似无意，实则是设计者的呕心之作。如果将这种精巧构思应用到大型城市公园的设计中，就更需要多角度、多层次地考虑问题，因为地形改造是一项规模浩大、花费时间长的工程，非特殊必要的情况下不需采用，如果一定要改造地形，就必须要综合各方面的因素，制订科学合理的方案。正确的做法是充分发挥原有场地的优势。如果地形条件理想，当然应该巧妙利用，而不是摒弃地形的有利条件，建造千篇一律的景观；如果地势较为平坦，没有起伏的丘陵、凹地，在塑造地形时要从整体上把握，按照地形特点布置平缓的断面曲线即可。虽然地形起伏、怪石林立能够产生震撼的视觉效果，但是如果条件不允许，就不必追求峥嵘突兀的景观效果。

近年来，下沉式广场在国内外得到了广泛运用，并发挥了很好的景观与使用效果。下沉广场具有大小区域任意、形式各异等特点，既可供游客集会、讨论、聊天或单独乘坐，又为小型或大型广场表演、集聚提供了一种良好的表现形式。

2. 硬质景观

所谓硬质景观就是以表面材质为界定标准，公园内广场道路在铺装时首选材料为硬质材料，因此将这些地方的景观称为硬质景观。

园林总体形态的形成受多方面因素的影响，硬质景观部分表面形式起着决定性的作用。它们的形式多种多样，既可以是规则的，也可以是自然的，有的设计者还从水的流动中获得灵感，将其设计成自由曲线流线形。硬质景观最显著的特点就是形态明确、边界清晰、易表现几何图案，随着社会经济的发展和科技的进步，铺装材料的种类和样式日趋多样化，质感色彩日益丰富，发展潜力大，养护费用低。如果一个优秀的设计师想要设计出理想的作品，就必须对硬质景观进行深入的研究。

3. 软质景观

软质景观具有丰富的内涵，设计师通常将植物作为软著景观的主要内容。在园林设计中，植物是有生命的要素，随着时间推移，植物会呈现出不一样的风貌。植物的类型多种多样，如乔木、灌木、花卉、水生植物等都属于植物的范畴。设计师在设计植物的四季景观时要考虑多种因素，如植物本身的形态、色彩、习性等。不同区域和气候条件下适宜生长的植物种类是大不相同的，是最容易展现公园地方性的内容。美国设计大师奥姆斯特德在设计软质景观时提到了这样一条准则，即采用当地的乔木和灌木。园林设计实践证明，该准则对于软质景观设计有着积极意义，得到了广大设计师的认同。

公园设计中，硬质景观恒定性和软质景观变化性可恰当糅合运用、互为补充。

4. 建筑小品

建筑和小品均属公园内点状景观，常成为游客视觉中心，建筑和小品时有融合。

公园内建筑通常对定位、造型等方面都有很高的要求，不同于城市建筑，其功能性比较弱，往往作为园林的点睛之笔。北京颐和园的佛香阁和北海的白塔就是公园建筑的典范，二者在设计前都对公园环境进行了认真的调查，以契合公园环境作为设计的出发点，建筑本身从属于环境。《园冶》作为我国古代造园专著，总结了各种造园技巧，如在设计亭时要遵循"花间隐树，水际安亭"的原则，由此可知，中国古代设计师早已深刻认识到建筑与园林环境密切结合的道理。部分园林建筑除了具有装饰环境的作用,还具有观赏景观的作用,实现了景观与观景的完美统一,要做到这一点需要设计者反复推敲选址。

小品在当前公园设计中越来越多样化,中国传统园林的小品,包括雕塑、假山、壁画和摩崖石刻;西方传统园林中的小品,包括雕像和喷泉。现代西方设计师经常将当代艺术作为公园小品设计的源泉,并将之运用到小品设计中,将一个个精彩的作品呈现给游客。它们或者从造型,或者从材质,或者从运用等方面极大地打破了过去的束缚,使得小品成为当代园林最富有生气、最富有表现力的元素。

第三节　城市公园的设计倾向

在城市公园发展过程中,设计始终灵敏地体现着时代的特色,任何一个优秀的园林设计作品,虽然最后呈现在人们面前的是完美的成果,但是其最初的设计倾向有着比成果更积极的意义,在城市公园持续健康发展中起着引导作用,城市公园伴随着社会各方面的变迁发展到今天,在设计上呈现出了一定的倾向性。

一、功能的衍生与完善

与传统园林相比,现代城市公园承担的职能得到了极大的衍生与提升,如何最大程度地发挥现代城市公园的职能成为设计师探讨的热点问题。19世纪欧美城市公园运动的兴起,开启了现代园林发展的先河,城市公园摆脱了传统园林观念的束缚,成为名副其实的大众园林。城市公园同传统园林或私家庭院最显著的差异就是面向的对象不同,城市公园的对象是长期居住在该城市中的市民,传统园林或私家庭院的对象是拥有该园林或庭院的人,由于对象的不同,导致城市公园在用地规模、设计条件等方面发生了很大的转变。这使得设计师对于城市公园功能的衍生与完善给予了高度重视,并将之作为重要因素进行考量,特别是对使用者特征的变化、使用行为和心理进行了深入的研究,进而在设计时充分体现城市公园的社会功能。

（一）使用者的扩大：从"个人的、私家的"扩大为"大众的、公众的"

统观传统园林,不论是东方体系还是西方体系:从中国园林之雏形——商代用于帝王狩猎的"囿"，到西方追溯到苏美里、亚述和新巴比伦时期的"悬空园"，以及那些失去了农业实用意义而成为法老、祭司与商人私家庭园的葡萄园和菜园，还有描绘古兰经中天堂园的伊斯兰庭园；也不论小到庭前屋后小巧玲珑的中国文人私家花园，还是大到贯穿城市乡村、气势恢宏的法国皇家宫苑……它们的归属都是个人的、私家的或者是帝王私有的。无论它的规模大小，它的使用者总是个人、少数人。传统园林服务的对象是社会上流贵族、帝王将相、富豪阶层。"个人、少数人"这一使用者的范围导致传统园林成为社会地位、权势与经济实力的象征。

随着工业文明的到来，城市公园应运而生，而生产力的飞速发展导致社会各个领域都发生了深刻变革。机器大生产迅速取代了手工生产，使得社会结构发生了改变，城市规模急剧膨胀，原本生活在农村地区的人员大量向城市聚集。整个社会的服务对象悄然发生了改变，城市居民逐渐成为社会中的主导力量，在推动城市高速发展的过程中发挥着不可取代的作用。而城市公园的出现恰恰是社会急剧变动的局势下缓解城市种种不良影响、改善城市居民生活质量的重要手段，是对城市卫生及城市发展问题的反应。它表明，它的使用者和服务对象随社会的变迁发生了深刻变化：从传统园林使用者"个人、私家"向"大众、公众"转变；从帝王、贵族、文人雅士这样的极少数人扩展到极其广泛的市民、居民乃至全部民众阶层。

这一"使用者"范围的大幅扩大，必然引起公园在功能上的衍生完善与之呼应。与任何其他设计问题一样，功能的任何变化，必然会引起设计师极大的关注和设计导向的相应改变。

传统园林的使用者为"个人、私家"，其功能也比较单一。如文艺复兴时期，富裕阶层向往的生活环境就是意大利精致的私家庄园，其庭园的服务对象是居住在该庄园的贵族，主要功能是满足贵族的需要，它是贵族日常生活起居的场所，他们可以在庄园中欣赏优美的景观，观赏奇异的植物，有时邀请朋友在庄园中举行宴会。17世纪，法国国王路易十四修建了凡尔赛宫，由于该宫殿占地规模大、设计恢宏，被誉为17世纪欧洲最为宏伟壮观的庭园之一，该庭园的服务对象是以路易十四为代表的帝王和贵族，主要功能是满足路易十四和贵族奢侈豪华的生活，其建设目的是向欧洲展示法国的强盛，体现了集权统治的政治意图。

城市公园的使用对象是大众、公众，必然具有与之相符的复合功能。例如，它不仅要满足本城居民的各种生活和休闲需求，还要吸引外来游客前来观光。不同年龄阶段的人对功能的需求也是不一样的：老人由于年龄较大，抵抗力下降，需要定期参加体育锻炼；少年儿童天真活泼、好奇心强、运动能力发达，需要经常进行户外游戏；中青年生活压力大，需要放松身心，进行社交活动。不同专业、文化背景下的人，对功能的需求更是各不相同。这种功能的复合性取决于使用对象的"大众、公众"化，而与公园自身的规模没有直接关系，如小规模社区公园仍然需要满足各类居民的需要。

设计师对城市公园的这种由于"使用者"广度与涵盖面的极大拓展导致其功能产生变革的现象产生了兴趣，并进行了广泛而深入的研究，将之作为突破传统观念束缚，推陈出新的基本点，大多数设计师都以满足和挖掘其各种功能为设计的首要准则。

（二）使用行为之变化——从"观赏性、静态性"变化为"参与性、动态性"

传统园林建造的初衷是为使用者提供休闲娱乐的场所，由于承载着观赏休憩的功能，营造风景如画的场景成为设计者的最高追求，"场景"的理念在造园中就显得尤为重要。为了实现该目标，古代优秀的设计师在长期的造园实践中积累了丰富的经验，如创造了"借景""对景"等手法，同时对于构图、层次感等方面的追求也都显示了这种目标性。当然，传统园林的观赏性与静态性特征，还可在其对意境的追求中得以体现。如罗马人认为：山水风景是一个地方有生命的内在精神的外部体现；即使是饱受传统教育的英国人，也认为自然有着一股趋向完美的固有力量；在中国，人们也相信大地遍行自然灵气，每一个场景都勾勒着与包含了其自身的品质，其石、土和水，其叶、花与茎，其光、影及体，其声、形和气，形成了场景的外形秩序，当附加了人的主观情绪时，就进而显现出一种超出外形秩序的"意境"了。当园林的营造还要实现统治阶层的物质享受之外的精神上的愉悦时，这种对园林场景内在品质的探索、对意境的追求，便显得十分重要了。因此，绝大多数传统园林具有比物境要高一层次的情景性，它们注重景象之间的关系，追求借景生情的意境。秦代的兰池宫也许是最早的情境性园林，园中通过模拟海上仙山的形象以满足人们接近神仙的欲望。无论是"移天缩地在君怀"的皇家园林、夸富斗财的商家宅院，还是寄情山水、象天法地的文人园林，都在追求一定的境界体现，以寄希望于借景生情之功效。

行为的多样性是现代城市公园同传统园林的显著差别，具体表现为：传统园林的使用者为园林的所有者，具有很强的私密性；而现代城市公园的服务对象为大众，虽然也为市民提供了一定的私密空间，但是更重要的是在私密性与公共开放性中取得平衡，这种平衡取决于公园自身的功能定位。以社区公园为例，该公园的服务对象是居住在公园周围的市民，其主要功能是满足居民交往的需求，为居民交往提供空间，有关部门在规划建设社区公园之前，通常会对周围社区居民的活动范围进行调查，一般将公园设置在社区服务半径的中心位置；从设计角度来说，这种公园等同于交流空间，为了体现这一特点，在设计时要强调公共性，使居民获得安全感，为了满足居民的需求，通常会在公园的中心布置活动游戏场所，同时还要考虑到居民缓解身心压力的需求，设计恰当的私密空间以供居民户外休息。依据不同的主题要求，也存在不同的场所品质，如某些以婚庆为主题的公园中，为营造私密的二人世界气氛，其场景将为需求服务。现代公园中，除了小桥流水、亭台楼榭、道路蜿蜒，更多的公园是聚会广场、活动空间，营造适宜的参与性已成为现代公园设计能否成功的关键因素。

　　相比于传统园林所具有的观赏这一单纯的社会功能，现代城市公园所承载的社会功能更加扩大化，即除了观赏的功能，更重要的是为社会公众参与丰富多彩的活动提供场所。随着城市化进程的不断加快，人们的生活压力日益增大，面对快节奏的生活方式，人们渴望有一片休憩休闲的净土。城市公园通常应是一个情趣盎然之地，是一个能使人尽情地追求幻想、享受刺激和愉悦、充实生活和净化灵魂的空间。于是，综合性城市公园内除传统的一般性公共活动场地外，还设计了观景平台、急流勇进、探险之路等项目，以满足不同年龄层次和职业身份的人对公园的内在要求，如上海浦东世纪公园的观水景的功能，就通过水景周围的地形阶梯式布置，提供了更好的视线景观；岸池的设计也更讲求亲水性，根据不同的水位变化，将岸池设计成步入水体的形式，在水中时常游动的几只戏水野鸭及鸳鸯往往让游客感觉到自身与这些小精灵在沟通。

　　相比于传统园林，现代城市公园的参与性更加强烈，动态感特征更加明显，具体表现为公园中保留了一些"空白"，公园的主角由传统园林的使用者转变为游客，游客在游览的过程中参与其中，使得现代城市公园的主题不断得以完善。当年华盛顿越战纪念碑的成功设计，也部分得益于设计者通过将游客在祭奠过程中的身影与纪念碑的交融，隐喻着生者与亡灵的沟通，在传统的纪念碑景观环境中，创造性地强调了参与性。

二、风格的多样与差异性

与传统园林相比，现代城市公园表现出了更多的风格特征，选择何种风格以凸显设计者的设计理念，已成为设计师所关心的基本问题之一。纵观园林建造历史，古代先贤为我们留下了宝贵的造园经验，如传统中国古典园林、英国自然式园林、法国宫廷式园林等都是古代设计大师为我们留下的瑰宝，它们所具有的个性化特征，展露出不同的艺术魅力。随着社会经济的发展和通信技术的进步，信息交流日趋频繁，不同国家、地区的思想文化冲突、融合，使艺术风格日趋多样化，人们对公园的功能提出了更高的要求，面对种种变化，城市公园作为社会的重要组成部分，其风格特征也反映着时代的变迁，并且和其他类别设计风格变迁趋势相一致。具体表现为两方面。

（一）形式的多样化

形式的多样化体现在设计要素的日新月异。当代城市公园设计给人最为直观的感觉是设计所产生的多样化设计元素。伴随着时代的进步，人类生产空间不断扩展，园林环境与自然环境、建筑外部空间的联系日益紧密，城市公园成为人们室内活动的室外延伸空间。部分具有创新意识的设计师将原本应用于室内建筑的材料与技术应用于公园外部环境，取得了良好的效果。越来越多的设计师受到启发，将光影、色彩、质感等形式要素与地形、水体、植物、建筑等形体要素有机地结合起来，形成了具有时代特色的城市公园。相比于传统园林设计师，当代设计师可选择的材料更加丰富，可采用的技术手段更加先进、更加多样化，从而也塑造出色彩缤纷、千姿百态的公园风貌。

（二）多种风格的展现

风格指的是设计者按照自身的创作意图与一定的规则对空间、活动和素材进行合理的安排和布置。设计者在安排素材时要综合考虑多种因素，如公园场所的用途以及应该采取何种方式充分地展现公园场所的特性。照搬照抄现有设计是不恰当的，除非它也很适合现有具体环境的某部分。照搬已有设计的前提条件是抛开该公园场所的功能而营造某种特定的场景。现代设计师在设计时要结合时代精神，以弘扬地方特色为出发点，发展出具有自身特性的风格，只有这样才能让自己的设计摆脱一味模仿他人的困境，创造出适合自己的新风格。不同时代、不同的文化背景产生了不同的风格。如中世纪的法国宫廷花园以壮丽的轴线居多，造成这种建筑风格的主要原因是当时的法国试图冲破教会的束缚，渴望向世界展示自身的强大力量；日本复杂的文化背景导致日本的庭园设计中弥漫着浓郁氛围；意大利作为文艺复兴的诞生地拥有着富有生气的城市广场，这也与该地的社会生活方式密切相关。传统的城市公园在设计时首要考虑的问题是该设计能否满足居民的需求，随着社会经济的发展，设计思想悄然发生着改变，是否能够传达设计者的文化思想成为设计时的首要问题。城市公园新风格的出现源于高度发展的经济水平和开放的社会环境。风格和形式有着很多相似之处，二者最本质的区别在于风格植根于深厚的思想文化，具有深刻的文化底蕴。当今社会城市公园的风格日趋多样化，就是设计师对社会环境和文化行为的深层次理解最好的诠释。

传统的城市公园设计者通常受"生态浪漫主义"影响，追求"风景如画"的设计风格，目前很多城市公园中都能清楚地找到这种踪迹。19世纪，提倡兼容并蓄的折中主义风格开始兴起，并受到了社会大众的追捧，与此同时，新浪漫主义风格的影响日益扩大，除此之外，倡导简约的自然化风格以及推崇理性的秩序化风格逐渐兴起，多种风格的混杂成为主流趋势，城市公园设计同样受到了混杂风格的影响，如日本横滨市的山下公园新广场的设计者就深受新浪漫主义的影响，这就导致该广场具有新浪漫主义的色彩，而法国巴黎的安德烈·雪铁龙公园（Andre Citroen Park）的设计者则提倡理性、秩序化风格，这就导致该公园处处显现出秩序化风格的痕迹。SWA作为美国知名的城市规划、景观规划设计机构同样是秩序化风格的推崇者，其设计的伯奈特公园（Burnett Park）中能清楚地找到秩序化风格的踪迹。

20世纪初，西方新艺术运动兴起，并由此掀起了现代主义浪潮，传统园林风格受到了现代主义思潮的冲击，进入了现代城市公园的时代。艺术运动的思潮迅速席卷，相较于社会、文化等领域，设计领域受到的影响要小一些，特别是园林设计受到的影响要远远小于建筑设计，无论如何，新艺术运动的影响是深远的，当时的维也纳分离派建筑师就受到了新艺术运动的影响，其设计的庭园中能清楚地找到新艺术运动的痕迹。1925 年，巴黎举办的现代艺术装饰展览会成为传统园林与现代城市园林的分水岭，出现了具有现代设计思想和创新意识的园林形式。园林设计师将立体主义的构图思想引入设计中，实现了园林空间概念上的革新。该展览会上最经典的作品是德国设计师盖夫雷金（Gabriel Guévrékiav）展示的三角形主题"光与水的庭园"，美国现代园林设计师斯第尔（Fletcher Steele）也参加了此次展览会，并深受启发，之后将创新意识融入园林设计中，开展了一系列的尝试。自此之后，现代主义园林风格逐渐在西方生根发芽。城市公园设计包含多种要素，现代主义风格是其中重要的一个分支，纵观西方当代城市公园随处都可找到现代主义的踪迹，自由的平面和空间布局、简洁明快的设计手法便是现代主义风格的显著特征。

影响园林设计风格的因素是多种多样的，现代主义仅仅是多种思潮之一。高度的开放性和包容性是当代社会的主要特征，各种主义与思潮的多元并存就是最佳的证明。不管是建设设计还是城市公园设计都受到了多种思潮的影响，呈现出多元化与自由性的特质。城市公园设计者在设计时既可以借鉴折中主义的优秀成果，又可以从历史主义中获取灵感；既可以参考极少主义的艺术作品，又可以从波普艺术中汲取营养；既可以结构主义为设计思想的源泉，又深受解构主义的影响。法国的拉·维莱特公园（Parc de la Villette）就是多种思潮交织的典范。法国文化部在结合城市规划和人民需求的基础上提出了建设城市公园的倡议，指出该公园要符合 21 世纪的时代特色，区别于传统公园，鼓励社会上的优秀设计师参与竞标。屈米（Bernard Tschumi）作为当时知名的解构主义大师也参与了此次竞赛，凭借着"疯狂与合成"理论赢得了此次设计竞赛。为了更好地传达自身的理念，屈米以不相关方式重叠的裂解为基本理论，以三个抽象系统作为公园的基本框架，任何一个抽象系统都包含点、线、面三个要素，系统中的点具有双重功能，一方面它可以表达空间，另一方面又起到了活跃空间的作用。传统城市公园设计者强调层次感和构图意识，在总平面设计中通常采用"先入为主"的方式，屈米则抛开传统观念的限制，并不讲究层次和构图，也拒绝了"先入为主"的做法，反而使用大量的红色小构筑物，并将之称为"疯狂物"，运用网络系统将其连接、重构。传统园林设计师推崇的整体、序列、和谐构图、审美原则在拉·维莱特公园中完全找不到痕迹，相反，该公园随处呈现出随机性和偶然性的特征。相比于传统设计师，屈米更加欣赏超现实主义，期望达到"不期而遇"的审美效果。随着社会经济的发展，后现代主义释意思潮开始盛行，其影响力日益扩大，文化、艺术等领域的先锋思想不断涌现，不断冲击着传统园林设计思想，受多种思潮的影响，部分园林设计师甚至开始倡导"游戏精神"（playful spirit），并将之运用到园林设计中。多样性的艺术思潮正是当代城市公园设计风格日趋多元化的根本原因。

　　纵观当代园林设计风格，可以轻易地找到当代艺术的痕迹，由此可知，当代艺术在园林设计风格中的作用也是不可忽略的。社会经济的高速发展带来了一系列的环境问题，面对环境污染、生态破坏，传统的以技术手段为重点的价值观受到了挑战，人们开始思索这样一个问题：科技真的能够解决所有的问题吗？为了回答这个问题，部分有责任感的艺术家从画室狭窄的环境中走出来，投入自然的怀抱中，开始探究大自然的美，并将艺术与大自然有机地结合起来，在创作过程中从大自然中获取灵感，巧妙地应用自然材料，由此开创了"大地艺术"，进而对园林风格产生了影响。西班牙巴塞罗那的北站公园中央部分由两个主题构成，一是"落下的天空"，二是"树木螺旋线"，这两个主题相互辉映，成为全园空间的中心，游客一进入该园便会被这两个主题所吸引。传统园林设计师认为公共艺术和城市公园属于两种完全不同的范畴，二者有着本质的区别，这两个主题的出现则打破了二者的藩篱，表明现代园林设计师开始汲取现代公共艺术中的先进成分，并将之运用到现代园林设计中。设计师同时还借鉴了环境艺术家的设计理念，如史密斯（Smith）在设计威灵顿新公园"大地沉沦"景区时就吸取了环境艺术中的优秀成果，莱西斯特（Leicester）在设计辛辛那提索亚角公园入口环境时也参考了知名环境艺术家的设计思想。美国 SWA 设计集团认为园林设计和绘画有着很多相似之处，并以超现实主义绘画作为设计理念，在设计丹佛市的万圣节广场时，为了营造虚幻变形、令人迷茫和失落的世界，采用了独特的构图手法，不仅在地面上大胆使用律动不安的图案，而且在墙面上安装了大倾斜线镜面，这些镜面看起来没有任何规律性，在空间布局上也采用非常规的手法，使整个广场充斥着夸张的空间对比和尺度对比。城市公园设计风格日趋多样性是一个不争的事实，而当代艺术与城市公园设计的紧密联系是形成这一趋势的重要原因。

　　为了推动园林设计的持续发展，设计师对园林形式进行了深入的研究和探索，创作出了大量具有创新意识的园林作品，使得现代城市公园的个人风格化特征得以进一步增强。现代园林大师丹尼尔·凯利（D.U.Kiley）就是致力于探索园林形式的代表人物。他不但吸取西方园林设计中的优秀成果，如法国大师勒诺特尔（Le Nôtre）等人的设计作品的思想，还积极汲取亚洲园林设计思想的精髓，如日本园林设计中的精华部分，博采众家之长，同时将现代主义结构与传统的历史思想有机地结合起来，进而构建具有严格几何关系的新秩序，取得了丰硕的成果。丹尼尔·凯利的代表作品为达拉斯喷泉水景园，为了给游客呈现完美的视觉效果，他在对当地环境认真考察的基础上，选用了网格的布局形式，以池杉作为连接点将网格和网格连接起来。水池除了具有活跃氛围的功能，同样还肩负着连接的作用。道路、铺地和池杉共同构成了跌落状的剖面形态，使整个园区具有旋律感和节奏感，游客无论在哪个网格中都可以欣赏到园区所具有的韵律美。方格网在园林设计中本是很普通的形式语言，经过丹尼尔·凯利的巧妙设计反而得到令人耳目一新的视觉效果。坦帕市北卡国家银行广场的梯形场地同样是由丹尼尔·凯利设计而成，在这里可以清楚地看到理性主义的痕迹，达到了令人振奋的景观效果。后人对丹尼尔·凯利形成景观形象的方法进行了深入的研究，并将之命名为法则性方法，这种方法要求设计者精通几何学知识，能够灵活地运用几何学法则。现代建筑设计师中不乏使用几何法则来形成形象的高手，代表人物有埃森曼（Eisenman），他在总结前人设计成果的基础上创造了一套具有个人特色的几何规则系统。人们发现，理性的方式是生成形象的有效途径，法则性设计法得以顺利实施往往基于这样一种假设：良好的几何规则是良好形象产生的前提和基础，但问题是世界上存在着多种多样的几何形状，不同的几何形状可以组成不同的几何系统，不同的几何系统所得到的形象是大不相同的，有的几何系统产生的形象不太好，而有的几何系统则能产生优秀的形象，那么如何选择几何系统才能产生想要的形象是所有设计者需要解决的问题，设计者主观能力的差异是导致几何体系选择差异的重要因素。

三、文化的表达与挖掘

如果我们对现代史进行分析和回顾，不难发现这样一个现象：在中世纪，宗教在人们的社会生活中起着举足轻重的作用，不管是艺术领域，还是哲学和社会科学领域，甚至是技术领域都可以发现宗教的踪迹，它对于这些行业和领域的发展所起的作用是不容忽视的。随着社会经济的发展，宗教这一精神价值逐渐退出历史舞台，取而代之的是唯物主义，特别是在 17 世纪到 19 世纪，唯物主义成为社会中的主流价值观。这一转变暗示着我们历史的转折时期已然来临。面对社会日新月异的变换，人们的历史危机感油然而生，由此引发了文化转型。这种文化转型所带来的影响是深远的，使得真正的艺术与科学技术的联系日益紧密，唯物主义和唯心主义互相渗透、融合，人和环境由征服转变为和谐相处。现代城市公园设计同样受到了文化转型的影响，具体表现在倾向性中，即不同文化传统所产生的不同要素。

（一）文化传统的表达

相较于其他时代，专家学者对这个时代寄予厚望，称之为"左右希望"的时代。科学技术呈现前所未有的迅猛势头，社会文化不断变迁，人类面临着有史以来最日新月异的境域。变革所带来的影响是深远的，不仅体现在人们的生理上，而且心理上也要承受是否能适应这种巨变的压力，整个社会也要迎接变革所带来的新问题和新挑战。变革带给人们的是一个充满了"短暂性"的社会，在经济不发达和物资短缺的社会，人们对于身边的物品无比珍惜，即使出现损坏也会尽力修补，而在这个物资极端充足的时代，物品的使用期限大幅度缩短，通常使用完就被丢弃，人们的思想再次"游牧"，即人们逐渐适应了不断变化的生活环境和生活方式，并且逐渐认同了一种观念：变化是一种摆脱过去的束缚和向未来迈进的方式。在这种背景下，关系的持续时间不断缩短，这种缩短表现在两方面：一是人与物之间的持续关系缩短了，人们不再长时间地接触单一物品，而是在极短的时间内不断接触连串物品；二是人与人之间的持续关系缩短了，人们不再花费大量的时间来考察一个人，而是仅仅凭借几次会面来判断与他人的关系。联系速度的加快使得人们的思考时间缩短，更容易发生疲沓。当然变革也并不是全无好处的，它将我们带入了充满"新奇性"与"多样性"的社会。近几十年来，我们的生活方式发生了翻天覆地的变化，这种变化程度远超过去数百年的变化。变革为社会文化带来了新的发展机遇，使社会文化得以发展和延续。在"短暂性""新奇性""多样性"的社会面前，人们原本的平衡机制被打破，为了构建新的平衡，人们将目光聚焦到生活中稳定、连续的因子，对于传统文化给予了高度重视，不断汲取传统文化中的精华，并将之运用到社会的各行各业中。设计领域也掀起了是否继承传统文化的有关讨论，是否在设计领域应用传统文化成为设计师研究的重点课题。从这个角度体现到设计作品上，成为风格的产生或是形式生成的前提和基础。当代相当数量的城市公园中都可以清楚地找到传统文化的痕迹，这就意味着大多数园林设计师对传统文化持肯定态度，因为归根究底文化传统并不是一成不变的，而是根据社会的进步和时代的发展而不断变化的，连续性是其最显著且最重要的特征。文化传统并不是一个难以理解的抽象概念，而是囊括人们衣食住行的具体内容，无论是在形式上，还是在内涵上，都可以寻找到文化传统的踪迹。

从形式方面看，文化传统在园林设计领域的传承主要表现在现代公园在设计时通常会借鉴传统园林的形式。历史片段有其独特的魅力，令人神往，这是不争的事实，当一种文化传统以某种形式表现出来时，我们就可以说该文化传统具有稳定性。不管人们是模仿这种片段还是创造条件力图再现这种片段，其目的可能是传达某些特定意义。继承传统文化的方式是多种多样的，其中应用最为广泛的一种就是设计师通过借鉴修改等方式沿袭前人的成果。被一再借鉴的形式既可以成为典型，也可以成为束缚设计者的枷锁，二者均带有传统的成分。人们在观赏某位设计师的作品时会不由自主地回忆起之前的经历或者回想起另一位设计师的作品，这都是借鉴的体现。城市公园设计者经常会使用借鉴手法，这是一种普遍现象。如佐佐木事务所的设计赢得了查尔斯顿水滨公园的设计权，该事务所的设计师从其他作品中获得灵感，在本园区中设计了维多利亚式园灯、座椅、栏杆，这都是借鉴手法的体现，除此之外，为了活跃园区的氛围，该事务所还设计了喷泉——借鉴波普艺术与创欧式相结合的理念的菠萝式喷泉。墨西哥泰佐佐莫克公园（Parque Tezozomoc）的设计师推崇欧洲自然风景园的手法，并将之运用到该园的设计中，营造出了清新自然、风景如画的氛围，特别是对湖面的处理手法更是饱含着设计师对墨西哥谷地历史追忆的深厚感情。中世纪时，法国的阿尔萨斯隶属于哈布斯堡，是神圣罗马帝国的一部分，随着时代的变迁，罗马帝国解体，为了追忆这段历史，法国建造了阿尔萨斯生态博物公园，该园区洋溢着中世纪村庄风格，使游客联想起神圣罗马帝国的光辉岁月。随着社会经济的不断发展，很多工厂或因经营不善被废弃，或因地址搬迁而被闲置，如何有效利用这些废弃的矿厂大楼是社会和设计师思考的重要问题，如将这些废弃的矿厂大楼改建成工业博物馆，就是一种合理利用的方式，使得传统的形式在延续中得以升华。日本园林设计大师铃木昌道得到了设计修缮寺公共会馆庭院的委托，为了呈现完美的景观效果，他在借鉴日本传统风格的基础上，巧妙运用现代手法，创造了富有新意的浓郁传统的日本园林。

传统形式的借鉴与继承有着丰富的内涵，并不仅仅局限于整体风格方面，如单纯借鉴语汇式，或者运用某种手法对语汇进行抽象的变形，同样可以取得相似的效果。上海浦东世纪大道就是这种手法的典范。虽然从表面上看，浦东世纪大道带给人的是都市快捷、冷峻的视觉效果，但是和现代都市风格的不同之处在于，设计者并未采取千篇一律的现代灯具，而是特意设计了类似抽象树形的金属街道灯具，为了增加街道的丰富性和层次性，设计了体现时间主题的沙漏小品；为了充分展现街道的特色，设计师并未沿袭传统现代都市墙面设计的形式，而是独具匠心地设计了青砖粉墙这一带有抽象特征的街头植物景观，同时还从中国传统文化中获取素材设计了不锈钢材质制作的日晷，除此之外，设计者还将中国传统园林建造中司空见惯的木桥流水进行了简化，同时还创作了具有强烈个人风格的街头小品。所有的这些设计元素无一不显示出设计者对传统形式的推崇和喜爱，现代设计崇尚理性、秩序，会给人带来冷峻的视觉感受，传统形式所具有的生动活泼的特质为现代气氛增添了情趣与轻松。加拿大的奥林匹克广场（Olympic Plaza）的设计者深受文化传统的影响，通过对历史片段的提取来获得人们的认同感，不过设计手法略显生硬。从整体上看，该广场的总平面更倾向于现代主义风格，强调构图效果，为了实现这一创作目的，设计者对广场内的设施进行了精心的布局，如设计了大水面、折线形台阶以及跃水，这些设计元素都可以清楚地体现现代主义的痕迹，但是设计者也并未完全摒弃传统形式，在大小水面之间设计了独特双柱柱廊，这些柱廊让人们与印第安阿兹泰克神庙的风格联系起来，从而赋予广场更加丰富的意义内涵与视觉效果。另外，传统园林中的经典场景同样是当代设计师素材和灵感的源泉，应用范围广、使用频率高的经典场景有日本园林中的枯山水、中国园林中的叠石、西方园林中的水景等，现代城市公园中经常会看到引用这些形式的痕迹。

继承的另一种重要形式体现为对场所精神的关注和对文脉表达的强调。该观点代表人物为凯文·林奇（Kevin Lynch），在他看来，设计中的每个基地都有着一定的独特性，不管这个基地是大自然的鬼斧神工，还是人工的妙手偶得，都有着独特的美。正因为有了这些基地，事物和活动才能连接成一个整体的网络。任何设计无论理念多么超前，都无法摆脱先前场所的影响，总会或多或少地受先前场所的制约，与先前场所保持某种连续性。经验丰富的设计师在设计之前总会对先前存在的场所进行深入的调查，认真思索"场地的气质"。他们之所以如此关注场所精神的重要原因之一是满足人们的心理需求，使人们获得某种"方向感"及"认同感"。所谓"方向感"使人产生心理的安全需求，这样即使面对陌生的环境也不会有迷失的恐惧感；人对于熟悉的环境有着本能的好感，所谓"认同感"指的是人对于环境感到亲切，随着时间的积累，逐渐衍生出归属感，进而使得环境与人之间形成一种亲密无间的联系。优秀的设计师在设计之前都会对基地的"场地气质"给予高度的关注，运用多种方法将空间转化为对人们有特殊意义的场所，缓解新场所与先前场所之间的冲突，在人和环境间架起一座感情交流的桥梁。

基地有着自身独特的景观和特定的周边环境，生活在基地周围的居民和曾经来基地游览过的游客在基地上留下了回忆，基地在使用过程中也留下了各种各样的形态痕迹。有的设计师怀念过去光辉灿烂的历史，有的设计师被过去神化的魅力所感染，不管是哪种原因，在设计新场地时他们都会将先前场所的外在形式完整地保存下来。但是历史总是连续的，不会因为个人意志而停滞不前，不断变化是历史的显著特征，它是以一条直线连接到现在。从这个角度上看，完整地保存传统的形式并不是一件明智的事，我们所要做的是将传统的形式与时代特色联系起来，以更加鲜明的方式对老形式进行重新整合，进而塑造出新的形式，展现出连续感。这类例子在现代城市公园设计上并不鲜见。20 世纪 80 年代，受多种因素的影响，德国关闭了两个钢铁厂，同时为了改善环境，德国决定在该地建设北杜伊斯堡园林（Duisburg Nord Landscape Park），面向全社会征集设计方案，经过激烈的竞争，比德·拉兹（Peter Latz）获得了该园的设计权。从表面上看，本已经废弃的钢铁厂和园林之间没有任何共同之处，但是比德·拉兹却别出心裁地在继承工业传统的基础上进行设计，园区的开发遵循了两个基本生态原则：其一，对原地材料进行了回收利用，有的材料可以作为植物生长的介质，部分旧建筑材料仍可应用在新建筑中，如将旧建筑的碎砖块进行重新加工，使之成为红色混凝土的集料。其二，水的循环使用。如今，原本的焦炭仓、矿砂仓翻修成绣球花园，原本的悬空铁路改造为人行道，看起来毫无用处的混凝土墙改建成登山俱乐部的训练基地；原本非工作人员禁止入内的观望塔改造成攀登的景点，任由游客攀登；原本高达 60m，危险性极高的锅炉改造成演出台，乐队可以在此演出。港口岛上曾经遍布煤矿码头，二战时期该岛遭到了炮火的严重打击，到处是残垣碎片，码头也满目疮痍，二战结束后，德国政府决定在此地建立港口岛公园（Burger park aufder Hafeninsel），比德·拉兹再次成为设计竞赛的赢家。他通过对历史遗迹的再创造，实现了对文化传统的延续，主要体现在以下几方面：首先，在设计公园通往市区的道路时，设计者从普鲁士军备调查图的方格模式中获得灵感，设计了方格状的道路网，这样岛上的居民很自然地会联想到该镇 19 世纪灿烂的历史；其次，从瓦砾堆中就地取材，循环使用，建造了憩息园和小径，对砾石堆墙、料仓和高架铁路进行改建，凡此种种，无不把历史延续的感觉表现到了极致。

时间文脉和空间脉络在现代城市公园设计中同样起着不可忽视的作用。随着社会经济的发展，城市规模不断扩大，结合城市发展规划对旧建筑进行改造势在必行，由此引发新旧之间的矛盾越发凸显。部分城市为了新建城市公园往往会将旧建筑全部铲平，这显然不是明智之举。根据公园的性质和定位，对不合理的旧建筑有选择地拆除是不可避免的，部分环境优美的废弃建筑如果适当地加以改造还是可以保留和使用的。

（二）文化内涵的深层挖掘

与以上"表现文化传统"相比较，一些设计者在其作品中更加刻意地追求对文化内涵的深入挖掘。环境空间通常都具有象征性的内涵，比如，当人们看到面积庞大的景物时，会不由自主地产生敬仰敬佩的感受，心灵会受到震撼，相反，当进入尺度较小的环境中时，会产生亲切感，觉得该地很有情趣；身形高大且挺拔的事物让人有气宇轩昂之感，水平线条体型的事物让人有凝重、持久的感受。园林具有体型封闭、外观静止的特质，为了增加园林的生机与活力，设计师通常采用参差不齐的体型，以呈现动态之感。人类有着丰富的情感，园林中的树木、草地甚至石头都可能引发人类的联想和想象，勾起人们强烈的感情。环境本身没有情感，由于人类的联想而赋予了它各种感情，使得设计师能够以作品为载体，通过精心的构思来表达内心的理想，并感染游客，引发共鸣。除了带给人们视觉享受，景观环境还具有深层次的价值，即景观成为沟通人们过去深刻情感体验的桥梁，引发人们的心灵感应。随着年龄和阅历的增长，曾经令人印象深刻的经历和感情会逐渐淡去，当人们置身于特定的景观环境中时，这种感情又会被重新唤醒，有时还会附加一些额外的感情。

相比于传统公园设计，当代城市公园设计具有对文化内涵深层次挖掘的显著特征，具体表现在突破功能与表面形式的层面，隐喻及象征手法得到了广泛的应用。对隐喻及象征意义的探索体现在两方面：一种是直观形式，另一种是抽象形式。有些设计师在设计作品时通常使用带有明显地域文化特征的词汇，使观众能够直观地理解设计者的设计概念，这种方法就是直观形式，波特兰市的爱悦广场就是该形式的代表之一。该广场设计者对自然界中的水景元素进行了提炼，运用浓缩与抽象的形式达到浑然天成的水景效果，并受自然界雪山融化进入河流这一景象的启发，创造了现代城市中的高山流水奔腾而下，涌入江河中的场景。美国加州商业城计划对周围的环境进行重新规划设计，并向全社会征集设计方案，经过多方考察，最终决定采纳的方案是按照一定规则在地面上铺装格子，在这些格子内布置红色和灰色混凝土，并将 250 株棕榈树种植其中。该商业城的前身为轮胎厂，为了增强人们对该地的亲切感，设计者还特意设置了由白色混凝土制造而成的"轮胎"，将其套在每一棵棕榈树上，通过这种直接的隐喻，为游客带来震撼人心的视觉效果。

还有一些设计师倾向于用比较抽象的手法来表现设计主题，由于设计师采用含蓄的手法来表达设计理念，导致观赏者无法通过园林形式清楚地理解设计师想要表达的概念。观赏者如果想要通过环境来准确解读设计者的思想，必须要满足以下条件：观赏者的知识体系与设计者相似；或者观赏者的价值标准与设计者相似；或者观赏者之前有过接近的观赏经验，如果三个条件都不具备，除非专业人士向观赏者阐释设计者的设计理念，否则观赏者就无法准确把握设计者的思想。内华达州威明顿市的纪念公园就是该种形式的典型代表，为纪念成立 350 周年，该市决定建立一座公园，艺术家兼设计师史密斯获得该项目的设计权，整个设计围绕城市起源、城市发展这两个主题而展开，为了凸显"起源"的主题，设置了两艘船，以此来纪念城市中最早的瑞士居民；"发展"的主题由一组大小不同、形式相异的墙来表示，不一样的墙体代表着不一样属性的建筑物，设计者试图以建筑物形态的发展变化来隐喻城市社会经济结构变化

当代设计领域有这样一种思潮，即通过对文化传统具有叛逆性的冲撞，运用多种形式传达出非理性、矛盾的设计理念，从而实现夸张、怪诞的效果。这种思潮的影响是深远的，很多城市公园设计师推崇这种设计理念，并将之运用到当代城市公园设计中。城市公园设计属于城市环境设计的范畴，在思想文化传播中扮演着重要角色，由解构主义大师屈米设计的巴黎拉维莱特公园就是城市公园设计承担思想文化思潮传播功能的有力证明。在一些非公园的环境设计中，同样可以看到设计师对传统原理设计习惯的挑战，如美国设计大师舒沃兹（Schwartz）在设计面包圈园时就摆脱了传统园林设计思想的束缚，将紫色的沙子铺设在地面上，按照一定的规则摆放面包圈围合的月季，在尼可庭院中创造性地使用了糖果和旧轮胎。

四、设计主导观念的变化

设计作品的诞生受多种因素的影响，其中设计师的主观因素、人文与物质的客观条件在设计过程中起着至关重要的作用。从设计的立足点来看，景观设计经历了以下三个阶段：第一个阶段，设计师以自然界为范本，力图营造风景如画的场景，情景式设计是应用范围最广的手法，人们将这种设计思想称为"情境观"；第二个阶段，随着时代的进步，人们的智力水平不断提高，特别是视觉和抽象思维得到了大幅度的提升，设计师将设计的重点放在了空间环境效果的呈现上，以满足人们日益增长的视觉需求，人们将之称为"空间环境观"；第三个阶段，设计师的视角不断扩展，追求更为开阔视野下的整体生态价值，这一阶段的设计理念称为"生态观"。设计理念在这三个不同阶段的变化正反映了社会的发展，是时代进步的体现。在设计的过程中，景观设计师对作品的社会效应给予了高度关注，这就导致当代景观设计中呈现了另一特征，即鼓励社会力量进入设计环节。

（一）环境生态观的重视

1992 年，各国领导人齐聚巴西的里约热内卢召开世界首脑会议，该会议的主

题是"环境和发展"。面对日益加剧的环境危机，各国领导人对此给予了高度关注，人类的可持续发展成为各国关注的重点问题。可持续发展的原则贯穿于社会生产生活的各个领域，体现出人类聚居环境的多维性。随着社会经济飞速发展，交叉学科日益增多，众多学科构成了一个复杂的网络，可持续发展原则为该网络的持续发展奠定了坚实的基础。原本盛行于生物学领域的生态系统的概念随着可持续发展理念的推广日益成为人们普遍关注的重要概念。早在 20 世纪 60 年代，亚历山大（Alexander）对生态景观系统就有过这样的阐述，"生态的景观系统是一个动态平衡发展的系统，具有提供秩序、综合和复杂性的特点。如果景观的功能有效，是可持续的，那么环境的设计一定综合了自然复杂的秩序，整合自然和人类的系统。"这句话说明，景观隶属于场所的范畴，是自然发展进程中不可或缺的一部分，对人的行为起着导向作用，它同时也是一个整合自然和人的体系。以前在人们的思想意识中，景观的保护和发展往往是冲突的，技术与自然也存在对立的一面。《设计结合自然》的作者麦克哈格（McHarg）指出，"西方的傲慢与优越感是以牺牲自然为代价的，东方人与自然的和谐则以牺牲人的个性而取得"，似乎目前还没有很好地解决这一问题。由于人类的行为正成为景观可持续性、稳定性的决定因素，在自然与人之间，在发展与保护之间，人们必须有正确的认识，可持续发展与环境生态观在景观设计中必须坚持。

随着社会的发展，人们对于人与自然的关系有了更深层次的理解，对于景观设计和生态系统的认识逐步趋于统一，设计师在设计景观时的理念和方法也逐渐改变，从追求景致到注重人与自然的和谐关系，笛卡儿式的分解分析方法的局限性被重视。传统设计师在设计时强调设计出惊为天人的景致，对于自然环境中的水、空气、土地等要素并不重视；现代设计师则在设计之前会综合考虑自然环境与人类的关系，寻求二者之间的内在联系，对设计中的规模、过程、秩序等问题给予了高度重视，设计师力图通过直觉和理性的方法共同做出设计决策。都市设计理论研究者还提出了新建都市的三个目标：减少都市环境的负荷、实现物质的循环、达到人与自然的共生。景观设计师在实践中也作出了探索，荷兰伊兰德斯海尔德河口的"贝壳工程"就是其中的典范。荷兰渔业发达，伊兰德斯海尔德河口布满了大量的乱沙堆和废弃的贝壳，如何降低成本，实现物质的循环利用成为设计者思考的重要问题。设计者经过仔细的调查发现这样一种现象：该地聚集了大量的鸟类，其中羽毛颜色较深的鸟类喜欢在深色贝壳上栖息，而羽毛颜色较浅的鸟类在栖息时更倾向于选择浅色贝壳。设计者受到了启发，将乱沙堆平整成高地，上面按照一定规则铺满深浅不一的贝壳。这样飞翔至此的鸟类就构成了一项奇观。设计中运用了规整的几何图案，并以生态原则为基础，创造了源于自然又高于自然，并与自然进化一致的人为图案，效果十分强烈。美国加州工业大学的再生研究中心（Center for Regenerative Studies）园区设计中，是作为长期生态持续发展项目的一部分，该园区设计的最显著特征是全面贯彻了能源与材料的循环生态的概念。为了凸显生态观念的设计理念，设计者创作了太阳能建筑和自然场景，甚至应用废旧轮胎堆筑了庄家台地。美国华盛顿州的圣海伦斯山国家火山纪念馆同样是可持续发展理念主导的代表作，它以"不干预自然的进程，在自然状态下保护一切"作为设计的出发点，在环境设计时对于所有树木的位置都进行了标记，这样当某一棵树倒下时就会立刻得知并及时复位，同时设计师对于当地的植被也进行了深入的调查，选择了最适宜的植被，除此之外，通过电视、广播等形式向当地居民宣传环境政策，以增强他们环境保护的意识，从而使预期的目标得以实现。

生态的思想现在已较为广泛地为人们所提及，但这是一个让设计师感到不轻松的主题，因为现实中存在的问题较多且难以解决，而且生态是一个非常广泛的概念，它源于环境，但是扩展到了社会和经济领域。一般实际的措施与方法也许流于表面，治标不治本，生态的观念往往可能会成为设计师不断追求的目标。但是，无论如何，对生态环境不断地深刻理解，在景观环境设计中予以重视，并体现具体措施，是当代城市公园设计中的又一倾向性。

（二）公众参与的设计

在设计师看来，设计环节在整个项目中发挥着至关重要的作用，如果没有自己巧妙的设计构思，整个项目也就无法呈现令人震撼的视觉效果，事实上，设计环节在整个项目中所起的作用并不像设计师自我预期的那样不可取代，优秀的设计是构成完美项目的必要条件但却不是最重要的条件。之所以得出这样的结论，有以下几方面原因：首先，从项目的立项上说，项目的业主在整个项目中占据主导地位，他们才是决定该项目是成功还是失败的关键因素。经验丰富的设计师在项目开始阶段就大致能判断出该项目最终是会呈现出令人耳目一新的效果，还是司空见惯的感受。而设计师判断的标准正是业主的能力和水准，因为正是业主决定了项目的总体定位并决定着设计师的人选。如果设计师的观念同业主的预期有一定的差距，无法得到业主的认可，那么即使再有创意的设计也无法得到在现实世界展示的机会。毕竟业主是投资方，设计师为业主服务，只能根据业主的预期来设计作品，既无法决定是否要建设某项目，也无法决定该项目的投资数额，以及无法决定该项目的定位，甚至决定不了选择哪个设计理念，放弃哪个设计理念。由此可知，设计者在整个项目中所起的作用是十分有限的。设计概念的形成受多种因素的影响，如项目的性质、经济投资等。科学的定位目标和合理的开发计划是优秀的设计作品呈现的前提条件，同时设计者和业主的交流可能并不顺利，这就导致设计师无法获知相关的信息，从而无法深入理解业主的预期目标。特别是当项目影响因素、制约条件越来越多时，要想成功地达到和业主想法一致确实是不容易的。

纵观设计实践，存在着这样一种现象，即设计师和业主二者之间的价值观似乎存在显著差异，越来越多的设计人员将目光聚焦到专业与非专业的差别这一问题的讨论中。只是在相当长一段时间里设计师的自负以及非专业人士本身的多变性，使得这二者之间的分歧被掩盖。非专业人士往往通过具象的方式来类比设计作品，经常运用横向比较法将同一时期不同设计师的作品进行比较。非专业人士由于未受过专业的训练，不了解设计行业的禁忌，在他们看来，符合他们喜好的作品就是优秀的设计作品；凡是不符合他们审美情趣的作品，即使设计理念再先进、再有创意也无法得到他们的认可。专业人士则不同，他们在考察某一特定项目时，更倾向于运用专业的思维模式去思考，不仅从横向上考虑当代的设计理念，还从纵向的角度考虑过往优秀的设计传统，期望探索非传统的模式。相比于非专业人士，专业人士的评价标准更为理性、客观。二者评价标准的差异使得构成完美的设计作品变得很不容易，这是因为衡量一个设计作品是否成功的标准之一就是该作品在一定范围内是否得到了认可，即该作品不仅要得到专业人士的认可，同时还要迎合非专业人士的喜好，得到他们的认同。因为在绝大多数情况下，设计作品的使用者都是非专业人士。设计师往往秉持着"领先体现生活的品位"的设计理念，期望通过教化的方式来传递设计概念，但其效果有时会适得其反。非专业人士的关注点同专业设计师有很大不同，有些在非专业人士看来是相当重要的因素反而被设计师忽略了，而这些因素可能决定着其是否能够设计出业主满意的作品。

　　从以上两个角度来看，获得成功作品的一个有效途径就是鼓励公众参与设计，实现专业人士与非专业人士的合作。目前很多设计者和项目的使用者都认可这一方法，并将该方法应用到项目实践中。使用者通过与专业设计师的合作参与设计，并在决策环节发挥着重要作用。彼此尊重是创作成功作品的基础，虽然设计者在设计领域是专业人士，但是他们服务于使用者，以满足使用者的需求为设计前提；而使用者作为投资方，对于设计行业的专业知识并不了解，这就要求双方相互尊重对方的特殊技艺、知识水平等，并通过大量的协作去寻找答案。美国的 R/UDAT（Regional and Urban Design Assistance Teams）运动就是双方合作的典范，其具体过程如下：第一，项目确立之初要选定合适的成员组成市民指导委员会，并组织设计领域的专家组成工作专家组，安排双方见面就设计中可能出现的问题进行探讨；第二，对整个项目进行大量调查，结合前人的研究成果和讨论结果建立设计数据库；第三，指导委员会和工作组共同对提交的设计方案进行探讨，寻找出契合双方审美情趣的方案，将该方案向社会公布，并阐述出其优点，以供公众讨论；第四，根据有利的条件成立共同工作的机构；第五，工作组根据市民的意见重新提交必选设计与策略；第六，由市民组成的工作机构再次讨论候选方案，确定最优方案。上述环节的有效落实对于形成多方认同的公共性空间环境有着积极意义。目前，该过程得到了很多设计师的认同，部分国内设计师开始探索将其中的部分步骤应用到项目中，并取得了良好的效果。如上海准备在徐家汇建设公共绿地，组织了设计竞赛，为了得到最佳的设计方案，组织者将选定的方案向全社会公开，并由市民进行评议，获取市民意见。

　　公众参与设计的观念体现了人文主义思想，为设计者和使用者的互相尊重和平等沟通提供了机会。城市公园的使用者为居住在该城市的市民，具有开放性的特征，公众参与的方式有助于满足大多数市民的需求。设计师只有对自身角色定位有了充分的了解之后，才能够更好地推动项目向成功方向发展。

第六章 城市公园设计案例分析

本章主要介绍城市公园设计案例分析，主要从四个方面进行了阐述，分别是上海植物园二期的规划设计、招远西山文化公园的规划设计、青岛老舍公园的规划设计、武夷山国家娱乐公园的规划设计。

第一节 上海植物园二期的规划设计

一、规划背景

（一）规划范围

上海植物园二期规划范围包括扩建部分和对原植物园建成区的调整和改建。其中扩建部分包括原植物园北部张家塘泵闸水利工程围填土地（2 hm²）；张家塘以北，黄母祠以西，罗成路以南，潘家塘以东地块（23.4 hm²）；以及黄母祠以东，龙吴路以西，原绿化示范区以北地块（1.8 hm²），共 27.2 hm²。

（二）项目定位

植物园二期规划的定位是建成一个与上海国际大都市相符合的"绿化博物馆"，使其和博物馆等同为国家或地域的科学和文化窗口。同时结合原植物园建成区，共同形成一个以绿化植物景观为主、具有良好生态环境、具有对自然之保护和了解的教育意义、展示科技发展水平的跨世纪植物园。

二、规划目标

该植物园在规划设计上力求创造一个有别于一般城市专类公园，具有鲜明特征和地方特色的植物园。具体表现为以下几个方面。

（1）海派风格。体现在整体造园风格上，取海派风格最根本的特征即博采众长、信息量大。通过丰富的内容，采百家造园风格之长，融会贯通在整个园林中。

（2）景观性好。体现在注重造景上，尤其是通过植物造景，使各类植物本身成景，且运用植物塑造景观空间，展示不同园艺造景。

（3）科技性高。体现在功能分区及具体项目设置上。充分展示了现代园艺技术以及现代的园艺园林思想。

（4）参与性强。体现在策划了多种人们可亲身参与的项目上。

三、总体规划

（一）规划协调

上海植物园二期是在原有植物园建成区基础上的改扩建规划，因此规划中充分考虑了其与周边环境，尤其是与建成区的协调。不仅协调两者之间的交通游线系统，而且更注重其在内容、风格上的有机联系和相互补充，并强调新区与建成区各具特色。

（二）道路游线

上海植物园二期的道路游线规划原则：以一条环形主路为主线，贯穿全园，在罗成路设置主出入口。在东部，主环路接原建成区的 2 号门；在南部，主环路接通往原建成区的小桥。在环行主路上套接一步行观景游线，贯穿东西和南北两个方向。

（三）交通场地

停车场基本结合各大门出入口场地设置。其中罗成路入口（4 号大门）设置 80 个车位的停车场；龙吴路 1 号门设置 50 个车位的停车场；2 号门设置 80 个车位的停车场；龙川路 3 号门设置 40 个车位的停车场，共计 250 个停车位。

（四）公用设施

在规划中，充分考虑了必需的公用设施的配套设置，给游客提供方便、周到的公共服务。内容包括：售票处、公厕、电话亭、问讯处、急救中心、路标路牌、果皮箱、饮水站等。其中公厕均布于全园各处。

四、总体布局及功能分区

（一）布局构思

整体讲求中西结合，各类园林空间的融合。具体表现在总体布局的"三个利用"上。

一是利用水景，充分利用原基地中的水网体系，并创造出风格迥异的水景：规则的水池、水渠、喷泉景观；形态丰富自然、水位变换的湿地景观；蜿蜒曲折的溪流景观；依谷而聚的水泊景观；等等，且各类水景还能带来不同的观景角度和距离。

二是利用地形，在基地西北角创造一定的地形，形成山坡和谷地的地形，一方面提供高处俯瞰全园的角度，另一方面也可形成冬季西北风的屏障。在园艺博览区采取从北往南逐渐升高的地形，使得整个园艺博览区迎向进入的游人，其风格特色得到更充分的展现。

三是利用视线景观轴，运用通透的景观视线走廊形成景观轴，关键点上运用对景点、观景制高点等加强景观效果，使全园的景观构成一个完整的体系，互为对景、借景、引景。

（二）功能分区

（1）园艺博览区。主要以展示欧式园艺为主，采用古典欧式园林经典的规则式布局，结合规则的水体喷泉，运用修剪成形的植物及图案式的花卉来形成西式风格特征明确的景区，并使整个扩建园区有一个开阔明朗、气势宏大的人口纵深空间。同时分别在该区的南端设一植物展示廊，可荟萃各种植物园艺之精华；在该区西端设一观光塔，提供纵观全园景观的制高点。

（2）生态湿地。利用原有水体，营造自然生态化的自由湿地空间，并穿插以木质的栈道，既可充分展示湿生植物的自然生长状态，又可使游人穿行其间，贴近观赏，提供不同寻常的视角和游览线路。

（3）蝴蝶谷。采取四周高、中间低、一池水的地形地貌，形成一个谷地。

岩石园的山体主要展示苔藓类、蕨类植物，并附以众多芳香类植物，使植物散发出的香味集聚在谷地，吸引蝴蝶、蜜蜂等小昆虫，形成一个"花为四壁香为国"的景观空间。并在谷地中设一体现日本园林风格的作坊小街，围绕着"植物"的主题，设置了"干花制作坊""花灯小店""竹编作坊""茶道馆""插花手工作坊""缫丝作坊""造酒作坊"等生动有趣的内容，让游人亲自动手参与，使人流连忘返。

（4）现代园艺观光展示区。该区引入现代农业的理念，展示现代高科技园艺，包括优良花卉、名贵花卉的栽培过程，体现园艺发展的趋势。开放性地进行高科技（如无土栽培、水培等）花卉园艺生产过程的展示，以及盆景艺术的制作与展示。其中的园艺广场中设置一些灵活轻巧的张拉膜构筑物，既可提供游人聚集的场所，也可用于举办一些园艺展览活动。广场中以展示各类草皮品种来结合场地铺装。

（5）儿童植物天地。该区主要结合少儿活泼、好动的特点，寓自然知识教育于植物造就的环境中，包括植物认知天地，其中融入玩耍的场地，如沙坑及可供吊、爬、荡的组合架等，其中设置一块"自然之声"，使儿童能置身在自然环境之中，直接去感受自然的一草一木、一声一味。

（6）友谊林区。此为一结合疏林草坪休憩景区的缓冲区，主要种植各类纪念树，以丰富植物园的历史和人文气息。

（7）室内植物展示区。保留原有暖房，并在室外设置十字水渠等，使其体现伊斯兰园林的典型风貌。同时利用暖房，形成室内绿化植物专题展示区。可将室内植物分成家庭型、办公型、公共场所型等，举办展室，或现场讲解，使市民游客能学习、了解，甚至购买植物。

（8）中式园艺展示区。结合基地中需保留的黄道婆庙，以其古色古香的建筑院落以及周边成熟的植物群、蜿蜒曲折的水体，共同体现传统中国园林的特色。

（9）园林科技交流中心。设置在靠近龙吴路2号门处，主要交通利用原2号门，其也有直接对龙吴路的出入口。科技交流中心有会议厅、报告厅、标准房和休憩娱乐设施。科技楼内设生理室、引种室和育种室等实验室，以及标本室、资料室、会议室、教室和办公室等。建筑以院落来组织，形成与整个植物园交融在一起的室外场地空间。

（10）生态健身园。在龙川北路张家塘水闸附近围填近 2 hm² 的基地上，规划了生态健身园区。除自然健身场外，还设置了健身步道、健身棚等区域，可容纳多样性的活动。

第二节　招远西山文化公园的规划设计

招远西山文化公园位于山东招远市府前路与温泉路交叉口，占地 9.5 hm²。基地南面为招远市文化馆，西部交叉路口上设有反映改革开放以来招远城市建设成果的"齐鲁杯"。

该公园在规划设计中，以因地制宜、注重文化、兼收并蓄为设计原则，力求为市民和游赏者营造一个高雅、寓教于游、展现招远欣欣向荣的城市风貌，熔中西文化于一炉，是具有一定象征意义的较高层次的室外园林休闲娱乐空间。

该公园在功能结构上，由五个主要区域组成。

一、入口服务区

位于全园东北角，临温泉路设主入口与停车场。沿主路依坡就势进入园中，原大水面以东建综合服务楼，附设一个网球场，楼西附设餐饮棚架及音乐广场，游人可临湖观景。

二、科学艺术文化区

即从入口服务区至雕塑广场之间一段以华夏传统文化为主题的坡地游览区，由"七韵梯廊""五色广场"及"雕塑广场"三部分组成。

"七韵梯廊"主要展现被中国古代文人称为"七件韵事"的书、画、琴、棋、诗、酒、茶七项文化活动。

"五色广场"以红为火，引申为朱雀，作为动物学知识之园地；以黄为土，引申为人生存之本，作为地球物理学知识之园地；以兰为木，引申为生气，作为植物学知识之园地；以白为金，引申为灿烂阳光，作为宇宙科学知识之园地；以黑为水，引申为支撑陆地海洋，作为海洋科学知识之园地。从而形成一系列的文化景观空间，既是较引人注目的形象景观，又自然地融入了华夏文化的科学精髓。

"雕塑广场"是全园的中心,平面由一组尺度宏大的椭圆构成(最大椭圆长轴70m),周边结合地形东低西高,形态富有变化。广场核心是椭圆形的露天剧场(长轴40m),地面铺设世界地图的展开图,标注招远的地理位置和精确的经纬度。广场东侧设置重点的空间景观,南侧设开放式弧形舞台,北侧设看台,看台背后立欧式柱列,并在柱间设立反映世界各区域的雕塑数组。

三、招远地方文化区

位于中央雕塑广场与"齐鲁杯"雕塑间的坡地上,形态为东西走向(向西正对齐鲁杯雕塑)。由一条3~4 m高的挡土墙夹立的曲折堑道形成,西部尽端设小广场。沿堑道西行,两侧墙上记载招远的建设历史。"齐鲁杯"雕塑时隐时现,出堑道豁然开朗。面对"齐鲁杯",在小广场上展示了改革开放以来招远城市建设的成果和"齐鲁杯"的意义。

四、休闲娱乐区

位于全园东南部,分临湖的休闲大草坪和林间活动区两部分。沿湖西岸展开的大草坪面积约3 000 m²,以舒展的草坡滑入水际,与湖东的硬质餐饮广场遥相呼应。林间活动区由支路分割成若干小块,小丘起伏,空间丰富,设有活动场地和器械,形成多个适合少年儿童和老年人活动的空间。

第三节 青岛老舍公园的规划设计

一、设计背景

青岛老舍公园是一个城市旧区环境更新项目,改造后呈现的总体特征为林荫水景园。基地呈狭长矩形,南北长350 m,东西宽40 m,总面积13 000 m²。地形北高南低,最大高差3.4 m。原址为青岛市安徽路绿地,又称第六公园。基地西邻青岛市历史性商业街——中山路,南端离海边不到百米。它的周边建筑功能复杂:有公交车站、医院、幼儿园、小学、天主教堂、影剧院、餐饮娱乐场所、行政管理部门、写字办公楼等。

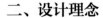

二、设计理念

设计强调地方感和空间的多元性，力求创造一个充满生活情趣的空间，并强化场所感，增加人们的交流机会，增强社区的凝聚力。

三、设计布局

由于周边环境的多元性，在充分满足各种背景的人群活动所需的前提下，设计中将公园大致划分为6个各具特色的活动区域，同时又相互穿插渗透。在公园设计中尤其重视老年人和儿童的活动区，在南区专门设计了水帘茶室，供老年人休憩、饮茶、弈棋等活动之用。

该公园设计在总体特色为林荫水景园的基础上，以水景为主导景观，空间划分为 A、B、C、D、E、F6 个景区。

A 区：小溢水（平台溢水）、雕塑、棚架、人际交往的佳处。

B 区：流水瀑布、水帘洞餐饮休息区、观光休闲区。

C 区：小瀑布、大型溢水池、阶地休息区。

D 区：阶地式多重低喷泉、树阵休闲活动区，可进行晨练与夜舞。

E 区：阶地式多重低喷泉（带脚踏石）、儿童活动区。

F 区：静水池、幽静地区、围合空间，典型的驻留空间。

四、设计评析

在交通与人流处理上，保留原有公园的出入口，再增加9处出入口，实行开放式处理。考虑园内交通的连续性，主园路贯穿南北，在每一个区域内均采取无障碍式和阶梯式两种通行方式，且园路贯穿行进空间与驻留空间，使各个空间相互结合、渗透。

在绿化种植设计方面，该设计最大限度地保留了现状大树，以庭荫乔木为主，提供丰富的林下活动空间，并尽可能地增加草地面积和垂直绿化。

该公园在竖向设计上，保障全园无障碍设计，充分考虑了残障人士和老年人，并利用竖向设计增加绿化面积，设置休息座椅与水景。

第四节 武夷山国家娱乐公园的规划设计

一、规划目标

武夷山国家旅游度假区娱乐公园属于一个主题公园，主要目的为满足游人对度假娱乐设施的需求，为武夷山风景名胜区、度假区旅游项目形成有力的补充。为此，该娱乐公园的规划目标如下。

（1）这是一个武夷山人追溯其文化渊源的场所，同时在这个美妙的场所里展现自己的特性以及对未来的规划。在规划中注重旅游开发与自然生态环境的融合，解决新技术、新材料的运用同原有文化结构的冲突，加强传统文化在新时代中的延续和发展，在尊重民族文化的前提下，创造新的文化。

（2）根据基地现状的自然地理特征，以自然山体、水流、植被作为设计的既定条件，充分体现人与自然环境共生互补、有机统一的整体性。另一方面，人不应单纯臣服于自然，更应当利用自然为人服务。所以设计的侧重点在于对原有环境在一定限度内的改造。

二、功能结构

整个娱乐公园在规划中大致分为三个部分，考虑到武夷山本地的文化传统，将三教合一的特点融汇到环境中。

道教—仙境—极乐：西南部分安排娱乐性强的项目，游人中心、室内外观演中心、卡丁车、童话世界、滑草等是此区域的主要内容，主要是塑造轻松欢乐的气氛，使人一进入园区就能摆脱严肃，感受愉悦。

佛教—佛界—空寂：北部设置相对安静的内容，现状环境中虎山庙公园本身是纪念性园林，要求气氛相对肃穆，所以将其设计成人工性较强的平面形式，主要以改造过的地形和植被塑造环境。

儒教—理川—深邃：东南部分以文化性、历史性建筑贯穿始终，武夷山传统文化丰富多彩而又高深广博，理学是其中最负盛名的部分，设计中将文化街，以及多种文化建筑置于同一区域，以形成浓厚的文化气息。

根据自然的地形，主体建筑沿山体呈曲线形布置，以游人中心为龙头，观演中心为收尾，采用形断意连的方式，充分考虑分期建设的可能性。曲线的形式是对武夷山民居、装饰物、构筑物等形象的提炼，对武夷山关于龙蛇图腾传说的演绎，对其民俗文化、民间习俗的现代重组再现，是对武夷山民俗文化的某种隐喻。部分建筑嵌在山丘中，减少建筑的外露面积，让建筑成为山体的一部分，也让山体成为建筑的一部分，并使建筑与道路的关系多样化。

三、设施布局

（1）游人中心、调度中心。位于基地西南角，是娱乐公园的主要入口，同时也是整个武夷山的调配枢纽，地位之重要是不言而喻的，相应的功能也非常复杂，主要功能有：交通流线组织，包括武夷山市区外来车辆的转换、风景区内部绿色环保车辆的安排、娱乐公园内部电瓶车的停靠和换乘、人群的集散和分流；风景旅游资源展示，主要以模型、图片以及多媒体等现代科技手段把武夷山的自然资源与旅游资源集中展示出来，对游人起到引导和指示的作用；旅游服务，包括各种文化娱乐、商业购物、美食餐饮、康体休闲设施等；调度中心，包括武夷山国家旅游度假区、风景区以及自然保护区的行政办公用房。

所以，在游人中心设计中，最先考虑的是交通组织，外来车辆通过主入口进入后停留下客，绕行后即开走，以减少大量车流给环境造成的负面影响。大客车停放处所停的车辆均是度假区或风景区内的绿色环保车辆。人流通过集散大厅，一方面可以大致了解武夷山的风景名胜，另一方面可以满足购物、餐饮、休闲等多方面的需求。通过调度中心的安排，游人可以分为两大部分，一部分去风景区，另一部分去娱乐公园，去娱乐公园的又进行人车分流，分别有专用的步行系统和娱乐公园内部的电瓶车游览路线。

结合自然地势，游人中心和调度中心沿山体曲线布置，部分嵌入山体中。游人中心内方外圆，以方形展示大厅为构图中心，入口观景塔楼是整个娱乐公园的标志，同时对交通起到引导作用。调度中心则是由三幢综合体串联而成，其中第三幢相对独立，主要是对内的办公管理用房。由于调度中心与游人中心的密切关系，通过连接体将它们结合为一个整体，既方便联系又相对独立。一层、二层形成包括展示大厅、服务中心、文化娱乐、美食餐饮等对外服务部分；三层则主要是行政办公。

游人中心和调度中心总建筑面积 2.7 万 m^2。游人中心为两层，顶部为金字塔采光坡顶，局部观景，塔楼为 4 层，四坡顶。调度中心 3 层，单坡屋面，局部四坡顶。

入口广场以绿化为主体，可以减小游人中心巨大体量带来的压迫感，同时也使停车场隐在绿树丛中，符合武夷山建筑"宜藏不宜露"的原则。

（2）茶艺中心。位于基地南部，通过此入口可以直接进入。入口处设有斗茶广场，既可进行斗茶活动，也可为普通的游人娱乐活动提供场地。茶艺中心分为茶展示和茶室两大部分。茶是武夷文化的精髓，博大精深，通过茶艺中心使游人对茶有一个直接的认识。建筑主体为一层，结合地形，部分嵌入山体中，以减小建筑的体量，以传统形式为主。总建筑面积约 0.28 万 m^2

（3）娱乐一条街。位于茶艺中心北面，沿山体形状自由式布局。小街空间富于节奏和变化，设置了各种娱乐休闲活动场所，如酒吧、咖啡屋、台球室、卡拉 OK 等，总建筑面积约 0.35 万 m^2

（4）观演中心。位于娱乐一条街北面，是主要建筑群的结尾和收束，西面以山体为依托，可观赏滑草和童话世界，北面是水上娱乐中心，内设游戏厅、大观演厅，靠近水体部分设有水幕电影，总建筑面积约为 0.31 万 m^2。

（5）民俗文化建筑。位于基地东南部分，结合武夷山的理学传统，设计一些展示武夷文化的建筑群落，建筑结合地形，隐藏在绿树、花丛中。同时留下二次开发的可能性。

（6）会议中心。位于基地东北部，有相对独立的出入口，考虑将来举办一些学术研讨会的需要。建筑面积 3 000 m^2，可供 300 人左右的会议使用。

在主要功能性建筑设置的同时，在娱乐公园中还规划设置了诸如卡丁车、滑草、植物观赏、水幕电影、郑渊洁童话世界等室外娱乐设施。

四、交通组织

娱乐公园所在基地西侧一号路是整个度假区主要干道，十四号路、八号路、十号路是度假区次要道路。

游人中心的建立使得娱乐公园成为整个度假区、风景区的大门，因此游人中心的交通组织关系到整个度假区、风景区的客游组织。

车流人流主要有三种：一是旅游团经过组织的人流和车流；二是社会团体、单位组织的人流车流；三是社会零散的人流。

规划设想主要解决上述前两类人流、车流的组织与换乘问题。规划建议社会停车不宜完全在娱乐公园基地内解决，应分散在度假区内，尽可能减少停车场对环境的负面影响。对于第三种人流，规划建议在调度中心一侧配置适量的公共交通站点。

娱乐公园内部交通组织主要依托基地四周的城市道路实现人车分流，人行路线和车行路线相互独立，同时车行游戏主要采用电瓶车。园路形成环绕式的交通组织方式将建筑群联系起来，以满足人流紧急疏散和必要的防火防灾的需要。

娱乐公园内部停车场结合建筑单体与娱乐公园建筑群布局作为内部车辆临时停放之用。

五、景观组织

规划以曲线为构图的主线，以动态的游览路线创造出步移景换的线性景观，将三维的娱乐公园在四维的空间进行扩张。建筑群落呈龙形曲线布置，主要集中在基地西南部平地以及中部的山谷中，建筑与山体巧妙地结合在一起，以减小建筑的尺度。

在建筑单体的设计中，主要以地方传统风格为主，建筑局部与山体互嵌在一起。尽管游人中心在形式上现代感稍强，但是由于采用了局部坡顶形式以及地方传统建筑的一些特征使其依然统一在一个整体之中。

景观轴线和视线走廊的组织主要分为三个层次：第一层次是沿基地北部虎山庙开始，到山顶的纪念碑结束的纪念性轴线；第二层次是通过一号公路隐约可见山腰的观演中心以及游人中心的标志性建筑；第三层次是沿游人中心开始到山顶的石阵广场，再到茶艺中心结束。

此外，娱乐公园还规划了水景系统，沿北部冲沟引水，一方面自然地使虎山庙纪念公园与娱乐公园相对独立，另一方面沿水面设置各种水上娱乐活动，形成娱乐公园的娱乐主线，同时也隐喻了九曲文化。

参考文献

[1] 李宇宏：《城市小公园》，中国电力出版社 2019 年版。

[2] 刘源：《城市公园绿地有机更新研究》，中国建筑工业出版社 2018 年版。

[3] 舒悦：《城市防灾型公园设计研究》，高等教育出版社 2016 年版。

[4] 汤晓敏、王云：《上海城市公园游憩空间评价与更新研究》，上海交通大学出版社 2019 年版。

[5] 陈强、李涛：《公园城市：城市公园景观设计与改造》，化学工业出版社 2022 年版。

[6] 周蕴薇：《城市公园生态效益及景观健康评价——以黑龙江省森林植物园为例》，科学出版社 2021 年版。

[7] 李素英：《城市带状公园绿地规划设计》，中国林业出版社 2011 年版。

[8] 张新宇、朱志红：《北京城市副中心城市绿心森林公园规划设计》，中国建筑工业出版社 2021 年版。

[9] 王沛永：《城市公园绿地用水可持续设计》，中国建筑工业出版社 2017 年版。

[10] 宫春亭、向丽珊：《综合性公园调研与设计优化研究》，地质出版社 2020 年版。

[11] 刘志武：《广东城市森林公园工程综合集成设计研究》，中国林业出版社 2011 年版。

[12] 赵艳岭：《城市公园植物景观设计》，化学工业出版社 2011 年版。

[13] 杨丽娟、杨培峰：《城市公园公平绩效评价》，中国建筑工业出版社 2022 年版。

[14] 刘扬：《城市公园规划设计》，化学工业出版社 2010 年版。

[15] 王沛永：《城市公园绿地用水可持续设计》，中国建筑工业出版社 2017 年版。

[16] 胡兰、廖小东、丁晓浩：《城市公园景观规划与设计》，东北大学出版社 2021 年版。

[17] 王先杰、梁红：《城市公园规划设计》，化学工业出版社 2021 年版。

[18] 王玮:《公园城市儿童游憩空间参与式设计》,西南交通大学出版社 2022 年版。

[19] 汤学虎、管娟、王耀武:《理想空间 无覆盖空间系列之城市公园设计》,同济大学出版社 2009 年版。

[20] 孟刚:《城市公园设计》,同济大学出版社 2003 年版。

[21] 蔡雄彬、谢宗添:《城市公园景观规划与设计》,机械工业出版社 2014 年版。

[22] 刘扬:《城市公园规划设计》,化学工业出版社 2010 年版。

[23] 武嘉文、王鑫:《基于晨夜间人群活动的小型城市公园设计探讨——以兰州市市民公园为例》,《设计艺术研究》2022 年第 12 期。

[24] 张华东:《地域文化在城市公园景观设计中的应用研究》,《绿色科技》2022 年第 24 期。

[25] 严诗韵:《设计心理学在适老型城市公园设计中的应用——以湖州莲花庄公园为例》,《明日风尚》2022 年第 13 期。

[26] 姚雪梅:《地域特色视角下的城市公园设计研究——以武宣县仙湖公园为例》,《工程建设与设计》2022 年第 10 期。

[27] 文秋雨:《城市公园广场空间行为分析及设计改善——以北京市南礼士路公园为例》,《艺术与设计（理论）》2022 年第 2 期。

[28] 彭晓芳、屈行甫:《地域性文化符号在城市公园设计的应用研究——以陕州主题文化公园为例》,《美与时代（上）》2022 年第 9 期。

[29] 王玉砚:《城市生态公园景观设计原则探讨——以西安沣东新城汉溪湖公园为例》,《美与时代（城市版）》2022 年第 8 期。

[30] 包雨田:《基于城市垃圾填埋场改造的城市公园设计探究》,《明日风尚》2021 年第 2 期。

[31] 游礼枭、赵小利、陈之萌:《基于自然教育理念的城市公园设计策略研究》,《绿色科技》2020 年第 21 期。

[32] 林星彤:《城市公园设计理念特色及对城市宜居影响分析——以福州"串珠公园"为例》,《福建建设科技》2022 年第 2 期。

[33] 莫畏、王馨翊:《基于地域文化的长春城市公园设计研究》,《工业设计》2021 年第 1 期。

[34] 韩炳越、王剑、王坤:《"以文化境，意景合一"——基于文化传承的城市公

园设计方法探讨》,《中国园林》2021 年第 37 期。

[35] 王晨钰:《基于儿童行为特征的城市公园设计探析》,《大观》2021 年第 12 期。

[36] 李威、周佳昱、李佳倩:《海绵城市理念在城市公园设计中的应用研究》,《科技创新与生产力》2021 年第 11 期。

[37] 徐嘉敏:《人性化设计对于城市公园设计的重要性——以湖州市霅溪公园为例》,《美与时代(城市版)》2021 年第 10 期。

[38] 柳碎周:《复合型城市公园设计发展模式探析——以平湖市东方公园设计为例》,《城市建筑》2021 年第 18 期。

[39] 李琳、王宇、俱晨涛等:《基于超标径流控制目标的城市公园设计思路》,《景观设计》2021 年第 3 期。

[40] 葛坚、卜菁华:《关于城市公园声景观及其设计的探讨》,《建筑学报》2003 年第 9 期。

[41] 陈晨、韦沛瑶:《基于帕特里克·盖迪斯意识的城市公园设计思考——基于老年用户路径设计》,《美术教育研究》2021 年第 9 期。

[42] 邓肖:《优化城市公园设计,提升环境保护意识》,《居舍》2021 年第 13 期。

[43] 金云峰、吴钰宾、邹可人等:《引入"设计生态"的城市公园设计策略》,《中国城市林业》2021 年第 19 期。

[44] 刘集锋:《城市公园硬质场地人性化设计分析》,《现代园艺》2021 年第 44 期。

[45] 关宇、吴焱:《基于环境教育理念下的城市公园设计与运营管理——以日本长池公园为例》,《美术大观》2020 年第 11 期。

[46] 陶韬:《城市公园如何变身"海绵宝宝"?》,《江苏科技报》2022 年 6 月 17 日第 A08 版。

[47] 丁怡婷、姚雪青、乔栋等:《城市公园装点美丽生活》,《人民日报》2022 年 5 月 30 日第 15 版。

[48] 陈玺撼、戚颖璞、束涵:《非典型城市"公园"的上海探索》,《解放日报》2021 年 10 月 18 日第 1 版。

[49] 张晋、徐锋、李沧:《高质量打造城市公园》,《青岛日报》2021 年 9 月 28 日第 13 版。

[50] 胡志华:《为城市引入自然空间》,《中国自然资源报》2021 年 9 月 15 日第 3 版。

[51] 陈凤来:《一座体育公园城市休闲客厅》,《河北日报》2021 年 9 月 13 日第 11 版。

[52] 傅鹏、伍奕衡:《城市公园焕新"变身"市民乐园》,《南方日报》2021 年 7 月 27 日第 AA2 版。

[53] 杨海军:《落实责任加快进度推动建成见效精心打造人民满意城市公园绿地》,《昌吉日报(汉)》2021 年 7 月 26 日第 3 版。

[54] 刘持久:《山头街道:城市公园奏响生态惠民新乐章》,《淄博日报》2021 年 7 月 12 日第 3 版。

[55] 吴越:《巴黎城市公园,简约而不简单》,《解放日报》2021 年 7 月 5 日第 10 版。

[56] 王德刚:《坚持共享理念让城市公园回归本位》,《中国旅游报》2016 年 2 月 24 日第 3 版。

[57] 王磊:《建设城市公园提升人居环境》,《芜湖日报》2011 年 3 月 22 日第 1 版。

[58] 李文峰、王伟华:《大山深处的"城市公园"》,《湖南日报》2011 年 3 月 19 日第 4 版。

[59] 严玉琳、邵也萍:《绿地公园让城市生活更美好》,《雅安日报》2010 年 12 月 12 日第 1 版。

[60] 项菲菲:《城市公园应当具有复合性》,《重庆日报》2010 年 10 月 18 日第 2 版。

[61] 帅红:《厦门气象公园设计体现"三气象"》,《中国气象报》2006 年 10 月 12 日第 1 版。

[62] 陈瑶质:《台州首个城市湿地公园浮出水面》,《台州日报》2009 年 11 月 10 日第 6 版。

[63] 郭泽莉:《上海世博公园:独特设计挥洒水墨山水》,《中国花卉报》2009 年 7 月 30 日第 5 版。

[64] 金宝盆:《壮族符号元素在城市公园与广场设计中的手绘创作与实践》,《中国艺术报》2022 年 8 月 8 日第 7 版。

[65] 张兰:《开放式城市公园功能多元化设计改造研究》,广西师范大学 2018 年硕士学位论文。

[66] 韦燊:《基于健康视角的城市公园设计研究》,浙江农林大学 2018 年硕士学位论文。

[67] 陈雨倩：《传统文化元素在现代城市公园设计中应用的研究》，吉林农业大学 2017 年硕士学位论文。

[68] 杨阳：《循证设计导向的城市公园游憩效益评价研究》，华南理工大学 2019 年博士学位论文。

[69] 任佳宾：《城市生态公园景观规划设计探析》，南京农业大学 2014 年硕士学位论文。

[70] 丁晗：《基于无障碍设计理念下的城市公园设计研究》，河北科技大学 2021 年硕士学位论文。

[71] 吴宪：《基于交互性景观的中小型城市主题公园设计研究》，武汉理工大学 2021 年硕士学位论文。

[72] 刘瑞瑞：《生态智慧理念下硬质景观材料在城市公园中的应用设计研究》，武汉理工大学 2021 年硕士学位论文。

[73] 吴继贤：《以精神缓压为目标的城市公园设计研究》，中国矿业大学 2020 年硕士学位论文。

[74] 齐浩洋：《基于地域文化下城市公园规划设计研究》，内蒙古农业大学 2020 年硕士学位论文。

[75] 徐莉莉：《城市公园设计中的互动性研究》，苏州大学 2020 年硕士学位论文。

[76] 王帅：《"叙事性"景观在城市公园设计中的应用探究》，陕西师范大学 2020 年硕士学位论文。

[77] 郭妍辛：《基于儿童行为模式的城市公园设计研究》，沈阳建筑大学 2020 年硕士学位论文。

[78] 李爽：《基于儿童友好型公园理论的城市公园设计探索》，北京林业大学 2019 年硕士学位论文。

[79] 王子翰：《海洋贸易文化视角下的宁波鄞州城市公园设计研究》，安徽财经大学 2022 年硕士学位论文。

[80] 季玲慧：《城市公园周边地区城市设计研究》，沈阳建筑大学 2021 年硕士学位论文。

[81] 黄晨阳：《基于健康理念的眉山市东坡城市公园景观改造设计研究》，成都理工大学 2021 年硕士学位论文。

[82] 吴宪:《基于交互性景观的中小型城市主题公园设计研究》,武汉理工大学 2021 年硕士学位论文。

[83] 魏巍:《基于城市历史景观恢复的城市湿地公园规划设计研究》,北京林业大学 2020 年硕士学位论文。

[84] 赵芷薇:《城市森林公园景观规划设计研究》,北京林业大学 2017 年硕士学位论文。

[85] 郑州市园林局:《城市公园景观设计浅析》(https://ylj.zhengzhou.gov.cn/kpzs/3185478.jhtml)。

[86] 环球设计联盟:《2021 公园城市未来场景创意设计大赛获奖作品》(http://k.sina.com.cn/article_3483741641_pcfa5adc902701a4dm.html#p=1)。

[87] 中商情报网:《2016-2021 年城市公园规划建设行业发展机遇及"十三五"战略规划》(https://www.askci.com/reports/2016/03/11/105918598900.shtml)。

[88] Gholipour S, MahdiNejad D E J, Sedghpour S B, "Security and urban satisfaction: developing a model based on safe urban park design components extracted from users' preferences", *Security Journal* Vol.3, 2021.

[89] Larson M S, "Imagining social justice and the false promise of urban park design", *Environment and Planning A: Economy and Space* Vol. 2, 2018.

[90] Jin Y K, Dongsik K, "A Study on the Characteristics of Design Expression in Urban Parks by the Theory of Gamification-Focused on the Neighborhood Parks within Walking Distance in the City of Busan and Ulsan", *Journal of the Korean Institute of Interior Design* Vol. 1, 2020.